통일비용, 어떻게 확보할 것인가?

군비감축을 중심으로

통일비용, 어떻게 확보할 것인가?
군비감축을 중심으로

2021년 3월 5일 초판 인쇄
2021년 3월 10일 초판 발행

지은이 | 변현도
펴낸이 | 이찬규
펴낸곳 | 북코리아
등록번호 | 제03-01240호
주소 | 13209 경기도 성남시 중원구 사기막골로 45번길 14
우림2차 A동 1007호
전화 | 02-704-7840
팩스 | 02-704-7848
이메일 | sunhaksa@korea.com
홈페이지 | www.북코리아.kr
ISBN | 978-89-6324-747-2(93390)

값 17,000원

군비감축을 중심으로

통일비용, 어떻게 확보할 것인가?

변현도 지음

북코리아

서문

지금 우리 대한민국은 당면한 북한의 위협과 국익을 앞세워 이웃 국가를 호시탐탐 노리는 강대국에 둘러싸여 있다. 직면한 북한으로부터는 핵과 미사일을 포함한 비대칭 전력의 지속적인 위협에 놓여있고, 중국은 동북공정을 비롯하여 문화공정으로까지 확대하고, 지속적인 위력을 행사하고 있다. 일본은 적 아닌 적으로 독도를 비롯한 군사문제와 더불어 경제 문화적 침탈을 끊임없이 자행하고 있으며, 자국의 이익을 위해서는 언제든지 적이 될 수 있는 위치에 있다. 러시아는 상대적으로 멀리 떨어져 있지만, 잠재적 위협국으로서 비우호적인 입장을 견지하고 있다. 미국은 표면적으로 우방이지만, 트럼프의 자국 우선정책과 같이 필요하면 언제든지 한국을 버릴 수 있는 나라라는 것을 잊어서는 안 된다. 이미 세 번이나 그랬다.

주변국이 현재 또는 미래에 잠재적인 적이 될 수 있지만 이들 국가를 적으로 두기에는 우리의 국력이 너무도 미약하다. 북한과 주변 강대국에 맞대응할 수 있는 능력이 없으면 우호적인 관계로 유지할 필요가 있다. 우리는 통일을 염두에 두고 있으며, 언젠가 통일의 그 날이 오게 되면 주변국의 조력이 절실하게 된다. 우리의 국익 차원에서 최소한의 방위 대책을 세우고, 이들 국가와 협력을 통하여 통일을 준비할 필요가 있다. 통일을 위해서는 정치 외교적 과제의 해결이 우선이나 이 책에서는 경제적인 접근을 먼저 시도하고자 한다.

통일은 막대한 비용을 동반하게 된다. 지금부터라도 그 비용의 확보를 위한 노력을 지속할 필요가 있다. 통일비용을 확보하기 위한 효율적인 정책이 필요하겠지만, 우선 가능한 방법부터 적용하고 점차 확대된 정책을 수립해나가면 될 것이다. 그런 측면에서 이 책은 해외 군비감축의 사례 및 접근방법을 연구하고, 한국의 상황에 맞는 군비감축 전략을 수립하며, 군비감축으로 절약된 비용을 통일비용 재원조달로 활용하고자 한다.

남한과 북한은 군비감축을 제안하고, 수많은 협상을 시도하였지만 모두 실패하였다. 앞으로도 군비감축과 관련된 제안과 협상이 성공할 것이라는 보장은 없다. 그러나 가능한 군비감축을 연구하고, 군비감축을 통한 통일비용의 축적 방안을 모색할 필요성 있으며, 이러한 연구를 위하여 3개 항목의 문제를 제기하면서 연구를 진행하였다.

첫째, 남한과 북한의 군비감축 정책이 추진되지 못하는 환경과 군비감축 추진을 위한 접근방법은 무엇인가?

둘째, 통일비용 산출에 영향을 미치는 환경과 통일비용 추정을 위한 적정 방법은 무엇인가?

셋째, 군비감축을 통한 절약비용과 통일비용은 어떻게 산출하며, 산출된 비용은 어떠한 영향을 미치는가?

이러한 문제를 해결하기 위하여 군비감축 추진과 관련된 주변환경을 분석하고, 군비감축과 통일비용의 접근 가능성을 연구하며, 군비감축으로 절약된 비용이 통일비용의 재원조달에 얼마나 영향을 미칠 것인가를 연구하였다. 군비감축을 당장 시도하기는 어려우므로 국방개혁에 의한 병력감축을 활용한 '선제적 군비감축에 의한 접근방법'을 적용하였다. 즉, 국방개혁에 의해 감소 되는 병력과 부대에 투자되는 비용을 절약비용으로 전환하여 통일비용의 절약 안으로 제시하였다. 병력감축에 따른 인건비와 양성교육비 그리고 부대수 감소에 따른 운영유지비의 축적과 자산의 처리비용 및 전비품 절약비용을 통일비용으로 전환함으로써 통일비용 재원조달에 기여할 수 있게 된다.

그러나 군비감축으로 절약된 비용을 소멸되는 예산으로 처리하거나 다른 용도로 사용하게 되면 군비감축을 통한 절약비용의 경제적인 효과가 없어지게 된다. 그러므로 군비감축이 진행됨에 따른 절약비용을 지속하여 투자하는 비용으로 적용하여 축적해 나간다면, 실질적인 통일비용의 절약에 기여하게 될 것이다.

이 책은 현실주의 시각에서 군비감축 접근방법을 분석하여 군비감축에 따른 절약비용을 도출하고, 군비감축으로 산출된 절약비용을 한국적 상황에 맞는 통일비용 절약에 연계하여 설명함으로써 향후 국가정책 추진에 적용할 수 있는 기초적인 연구를 하였다는 데 의미가 있다. 즉, 국가의 사활적 이익에 기초하여 국가안보를 보장하는 범위 내에서 대전략을 수립하고, 대전략의 하위 전략으로 '경제적 군 운영' 차원에서 군비감축을 통하여 통일비용을 확보하는 데 의의가 있다.

목차

[표 목차]

[그림 목차]

제1장

서 론

제1절 문제의 제기

2018년 GFP(Global Firepower) 지수 기준으로 남한은 세계 7위, 북한은 18위의 군사력을 가진 것으로 평가받고 있으며, 현 상태에서 통일이 된다면 한반도 군사력은 세계에서 여섯 번째이다.[1] 2019년 세계군비지출과 무기이전(WMEAT) 보고서에 따르면 2007년부터 2017년 11년 평균 남북한 국방비의 경우 남한은 348억 달러이고, 북한은 35.9억 달러에 이르며, 북한의 경우 실질금액은 상대적으로 적지만 GDP 대비 23.3%를 군비로 사용하여 세계 1위를 차지하였다.[2] 이 때문에 남북한 모두 군사력을 감소시키고 군비감축을 추진하게 되면 국방예산은 절약되고, 이를 통일비용에 투자할 경우 통일비용을 절약할 수 있을 것이다.

그러나 남한과 북한에서 군비감축 시도는 있었지만, 성과는 없었다. 1990년대 들어서면서 사회주의 대표 국가인 소련의 해체와 독일 통일에 영향을 받아 남한과 북한 사이에 화해기류가 형성되기도 하였다. 특히, 정치와 군사적인 측면에서 협력을 위한 대화가 있었다. 일례로 남북고위급회담과 이를 추진하기 위한 남북기본합의서를 작성하였던 것을 들 수 있다. 그러나 이 협상은 1993년 북한이 국제원자력기구(IAEA)를 탈퇴함으로써 더 이상 진척이 되지 않았다. 남한은 1997년 4자회담을 제시하여

1 GFP(Global Firepower)는 연간 100개 이상의 국가를 대상으로 파워인덱스(Power Index) 지수를 이용하여 군사력을 판단한다. 여기에 포함되는 항목들은 병력 및 무기체계 등 55개의 군 관련 항목으로 핵무기는 포함되지 않는다, https://www.globalfirepower.com/(검색일자 : 2020년 4월 21일)

2 U.S, DEPARTMENT of STATE, "World Military Expenditures and Arms Transfers 2019", https://www.state.gov/world-military-expenditures-and-arms-transfers-2019/(검색일자: 2020년 7월 11일).

1999년까지 추진하였지만, 이 또한 성과없이 끝났다. 남한은 이후 1998년 김대중 대통령과 노무현 대통령이 연이어 집권하면서 북한에 대한 포용정책으로 북한과의 정상회담이 추진되었다. 그 결과로 2000년 김대중 대통령의 6 · 15 공동선언과 2007년 노무현 대통령의 10 · 4선언이 발표되었다. 2차에 걸친 정상회담으로 평화를 위한 체계 구축에 대한 노력이 있었으나 군사 분야의 핵심인 군비감축으로는 이어가지 못하였다. 남북정상회담과 연계하여 장관 및 장성급 남북군사회담이 7회에 걸쳐 추진되었으나, 이 또한 성과는 없었다.

이처럼 남한과 북한의 군비감축 협상이 제대로 진행되지 못하고 있는 주된 이유는 상호 접근방법이 다르기 때문이다. 먼저 북한은 남한에서의 미군 영향력 약화와 미군의 철수를 유도하기 위한 의도로 남한을 미군에 종속된 한낱 꼭두각시로 취급하고 있다. 따라서 한반도에서의 남북 협상은 미군이 철수함으로써 가능하다는 것을 끊임없이 주장하고 있다. 이에 반해 남한은 사활적이익 차원에서 북한을 직접적인 위협으로 판단하고 북한과 신뢰를 우선 형성하고, 차후 군비감축을 추진하고자 한다. 북한은 미국을 협상의 대상으로 간주하고, 남한은 북한과 당사자 간 협상을 우선하는 등 서로 다른 생각으로 접근함으로써 대화의 진척을 저해하고 있다. 축약하면 군비감축과 관련해 남한은 '선 신뢰구축 → 후 군비감축', 북한은 '선 군비감축 → 후 신뢰구축'의 상반된 접근방식으로 추진함으로써 진전이 되지 못하고 있다. 이는 특히, 핵실험과 협상 난항, 반복된 신뢰추락 등으로 인하여 더욱 제한을 받고 있다.

하지만 유럽과 미 · 소의 군축협상 사례들을 살펴보면 군축협상이 전적으로 불가능한 것은 아니다. 유럽에서는 군비통제와 관련한 협상이 2개의 방향에서 추진된 사례가 있다. 그 가운데 하나는 군사력 운용통제와 관련된 유럽안보회의(CSCE: Conference on Security and Cooperation in Europe)가 있고, 또 다른 하나는 군사력 구조통제와 관련된 상호균형감군회의(MBFR: Mutual and Balanced Force Reduction)가 있다. CSCE는 대부분의 유럽국가와 미국 및 캐나다가 참여하였으며, 유럽의 안보와 경제 및 사회 등 비군사적 분야까지 포괄하는 광범위한 협력을 통한 유럽의 안전과 질서를 주요 안건으로 다루었다. MBFR은 NATO와 WTO의 회원국이 참여하여 유럽의 재래식 군비감축을 추진하였으며, 향후 유럽의 재래식 무기협상(CFE: Conventional Forces in Europe)을 통하여 활성화 되었다.

미국과 소련의 군축 협상사례도 남북한 모두 긍정적으로 받아들일 수 있는 사례이다. 미국의 레이건(Ronald Wilson Reagan)과 소련의 고르바쵸프(Mikhail Sergeevich Gorbachev)는 1985년 제네바에서 1986년에는 아이슬란드의 레이캬비크에서 군축회담을 가졌다. 당시 정상회담에서는 상호 제안에 대한 성과가 없었으나, 1991년 전략무기감축협정(START: Strategic Arms Reduction Treaty)을 체결하는 데 기초를 제공하였다. 미국과 소련의 정상에 의해 실질적인 군비통제가 이루어진 것을 감안할 때 남북한의 군축도 양 정상의 결단에 의해 이루어질 가능성이 있다.

유럽과 미국 및 소련의 군비감축 추진사례를 참고하면, 남북한 군축에도 적용할 수 있을 것이다. 군비감축은 군사력의 감축으로 이어지고 이러한 감축된 군사력은 병력 및 무기체계 유지 등에 소요되는 경제적 절약비용으로 산출 가능할 것이다. 경제적 절약비용으로 산출된 예산은 군비감축으로 인한 국방비 절감으로 이어진다. 군비감축으로 절약된 비용을 통일비용에 반영하게 되면 미래 소요되는 천문학적인 통일비용의 절약에 기여할 수 있을 것이다. 통일에 소요되는 경제적 비용을 산출하여 축적한다면, 남북한의 경제력 차이에 의한 비용과 사회적 혼란을 최소화하고, 국가와 국민의 경제적 부담을 줄일 수 있을 것이다.

그러나 최근 세계 초강대국 간 그리고 동 · 서 진영 간에는 신뢰구축과 군비통제 논의가 주춤하고 군비경쟁이 막후에서 이루어지고 있다. 강대국 간에는 냉전기 이전 미국과 소련이 군비를 경쟁하였고, 냉전기 이후에는 세계의 패권을 둘러싸고 미국과 중국이 군비경쟁을 하고 있다.

남한과 북한 역시 신뢰구축과 군비감축을 제시하고 있지만, 상호 정치적 욕망에 의한 형식적 논의에 불과하고 실질적으로는 군사력 증강을 지속하여 추진하고 있다. 군사력 증강에 따른 군비경쟁은 경제발전의 저해는 물론 정치 · 사회적 비용도 무시할 수 없다. 이러한 비용은 시간이 지날수록 커지며 남북한의 통일을 염두에 두었을 때 그 비용은 감당할 수 없는 부담으로 다가올 것이다.

6.25 전쟁 이후 남한과 북한이 실질적이든 형식적이든 다수의 군비감축을 제안하고 수많은 협상을 시도하였지만 모두 실패하였다. 앞으로도 군비감축과 관련된 제안과 협상이 성공할 것이라는 보장은 하지 못할 것이다. 그렇다고 손 놓고 막연히 기다릴 수 없기에 군비감축 가능한 방법을 탐색하고 다가올 통일에 대비하여 통일비용을 축적할 필요성을 인식하였으며, 논의를 위해 다음과 같은 3개 항목의 질문을 제시하면서 연구를 진행하고자 한다.

첫째, 남한과 북한의 군비감축 정책이 추진되지 못하는 환경과 군비감축 추진을 위한 접근방법은 무엇인가? 에 대한 질문이다. 남한과 북한은 정치적으로 많은 차이가 있다. 남한은 자유민주주의에 의한 개방형 정치구조인 반면, 북한은 1인 독재의 사회주의에 의한 폐쇄적 정치구조를 갖추고 있다. 군비감축의 추진이 상호 군사 구조와 군사력에 대한 인지가 전제되어야 하기 때문에 북한의 폐쇄적 정치상황 속에서는 많은 어려움이 있다. 또한 북한은 남한이 미군의 종속된 국가로 생각하여 남한과의 직접적인 접촉보다 미국과의 대화를 추진하려 한다. 남한은 6.25 전쟁의 후유증으로 북한의 위협과 재발되는 오판에 의한 침략의 두려움이 내재되어 있다. 상호 불신의 고리는 어떠한 군비감축에 대한 제안에도 실질적으로 발전하지 못하고 있다.

그러나 한반도에서의 군비감축은 유럽과 미 · 소 간 군비감축 사례를 보면 불가능한 것은 아니다. 유럽에서는 군비감축 제안과 군비경쟁이 반복되었지만, 그 가운데에서 군비감축의 긍정적 사례를 볼 수 있었다. 유럽의 MBFR(상호균형감군회의)에서 CFE(재래식무기협상)의 발전으로 군비감축이 이루어졌고, 소련의 고르바초프의 개혁개방에 의한 일방적인 군비감축 제안으로 급격한 상황에 의한 군비감축도 있었다. 한반도는 세계의 화약고이기도 하지만, 세계 평화의 주춧돌이기도 하다. 한반도의 군비감축으로 주변국 위협이 감소되고, 나아가 군비경쟁도 완화될 수 있는 요인이 있다. 군비감축의 접근방법은 유럽과 미 · 소의 군비감축을 참고하여 한반도에서 적용 가능한 방안을 검토하고, 포괄적 병행접근방법과 다자간 협력에 의한 접근방법 그리고 선제적 군비감축에 의한 접근방법 등 3개의 접근방법을 제시하였다.

둘째, 통일비용 산출에 영향을 미치는 환경과 통일비용 추정을 위한 적정 방법은 무엇인가? 에 대한 질문이다. 남한은 경제적인 면에서 독일 통일 당시와 비교해 상대적으로 열악하고, 남한과 북한의 경제력 차이가 심하여 통일비용 면에서 훨씬 많은 소요가 예측된다. 남한과 북한의 경제력 그리고 인구 대비 생산능력 등 많은 부분에서 독일 통일 당시의 상황보다 어렵다. 현재와 같이 남북이 분단된 상태가 지속되면 남북한의 경제력 차이는 심화되고, 정부재원에 대한 부담이 시간이 지날수록 늘어남으로써 통일비용은 더욱 증가 될 것이다.

통일비용 추정방법은 독일 및 한국의 다양한 연구내용에서 찾아볼 수 있다. 주요내용은 항목별 비용합산 방법, 계량모형 방법, 목표소득방식 등이 있으며, 남한과 북한의 상황을 고려하면 목표소득방식의 적용이 타당할 수 있다. 목표소득방식은 북한의 1인당 GDP 수준을 목표로 설정하고, 남한의 재정지출 및 총투자액을 추정하는 방법이다. 이 방법은 남북 간의 소득 격차를 줄이는 데 적합하며, 양자 간 소득의 격차가 심화된 현 상황에서 가장 적절한 방법이다.

셋째, 군비감축 절약비용과 통일비용은 어떻게 산출하며, 군비감축 절약비용은 통일비용에 어떠한 영향을 미치는가? 라는 질문이다. 군비감축을 통한 절약비용은 남한의 안보 보장을 전제로 국방개혁에 의해 감소되는 병력을 기준으로 판단하였다. 병력과 부대를 유지할 경우 소요되는 비용을 감축함으로써 발생되는 비용을 절약비용으로 판단하였다. 통일비용의 도출은 한반도 상황에 적합한 목표소득방식을 적용하였다. 목표소득방식은 한계자본산출계수를 적용하여 남한의 재정지출 및 총투자액을 추정하는 방식으로서 북한 주민의 1인당 소득을 남한의 1/2 수준으로 끌어올리는데 소요되는 남한의 경제적 투자비용으로 산출하였다.

군비감축을 통한 절약비용이 통일비용 절약에 미치는 영향은 군비감축으로 산출된 비용이 통일비용에 차지하는 비중과 영향요소로 설명하였다. 병력과 무기의 감축은 국방예산의 절감으로 이어지고, 절약된 비용은 통일의 비용으로 전환할 수 있다. 군비감축으로 발생되는 비용을 국가 재정 또는 국방비로 흡수하거나 방치할 수도 있으나, 발생된 비용을 통일비용으로 활용하는 방안을 제시하였다. 즉, 절약된 비용을 통일비용으로 축적해 나간다면 실질적인 통일비용의 절약에 기여하게 될 것이다.

이 책은 군비감축의 접근방법을 통하여 절약된 비용을 산출하고, 군비감축이 통일비용에 미치는 영향을 분석하는 데 목적이 있다. 전개내용의 이해를 돕기위해 먼저 군비감축의 주변환경과 감축 가능한 접근방법을 분석하고, 방안을 도출하여 군비감축에 따른 절약비용을 산출하였으며, 군비감축으로 산출된 예산은 한반도 상황에 맞는 통일비용 절약과 연계하여 설명하고자 하였다. 남한과 북한은 통일과 경제적 측면에서 군축이 절실한 상황이므로 국가안보에 위해를 초래하지 않는 범위에서 공동의 이익을 실현할 수 있는 군비감축을 판단하고, 그 결과 군비감축이 도출된 통일비용에 얼마나 효과가 있는지 비교하여 설명하였다. 이러한 분석의 결과는 향후 통일비용 재원 마련과 관련된 국가정책 추진에 적용할 수 있을 것이다.

제2절 전개 범위 및 방법

군비감축과 통일비용 핵심 부분 전개범위를 살펴보면 다음과 같다. 먼저 군비감축의 개념은 군비통제의 큰 틀 속에서 제한된 범주로 사용하거나 군비통제와 혼용되어 사용하여왔다. UN 및 군축과 관련된 국제기구에서는 군축이라는 용어 위주로 적용하고 군비통제를 포괄하는 개념으로 적용하고 있으나 국내 · 외 대부분의 연구는 군비통제를 통상적인 용어와 내용으로 이해하고 있다. 이들 대부분의 연구를 보면 군비통제의 범위가 너무 광범위하고 포괄적인 범주로 사용함으로써 연구의 핵심을 벗어날 수 있어 이 책에서는 군비통제의 일부로서 군비감축을 중심으로 전개하고자 한다.

통일비용의 개념은 분단비용 및 통일편익과 연계된다. 통일비용은 통일에 소요되는 비용인 반면, 분단비용은 분단으로 인해 발생되는 비용이고, 통일편익은 통일로 발생되거나 얻게되는 이익이라고 할 수 있다. 본 책에서는 군비감축으로 발생하는 비용이 통일비용에 미치는 영향을 설명하고자 한다. 따라서 분단비용과 통일편익은 대상에서 제외하고, 통일비용에 한정하여 연구하고자 한다.

전개를 위한 시기적 범위는 유럽과 미 · 소의 군비감축과 관련된 시기와 독일의 통일로부터 도출 가능한 통일비용과 관련된 기간으로 한정하고자 한다. 군비감축과 관련하여 대외적으로 유럽의 군비감축이 논의되고 미국과 소련의 군축을 위한 협상이 이루어졌던 1970년대 중반부터 1990년대 초반까지의 기간을 다루기로 한다. 국내는 1990년대 초 남북 고위급 회담과 4자회담으로부터 남북 정상회담과 장관급 회담 등이 이루어졌던 2000년대 후반과 최근 미국과 북한의 정상회담 그리고 세계 각국의 정치 관련 내용이 복잡하게 얽힌 2020년까지의 기간을 포함하기로 한다. 통일비용과 관련해서는 독일의 통합과 관련하여 발생한 비용이 논의되었던 1990년 초반부터 통일비용이 지속하여 발생하였던 2000년대 후반까지 기간을 반영하며, 이후 국내외에서 한국의 통일비용 산출을 위해 연구한 2020년까지 기간을 포함하기로 한다.

내용적 범위는 군비감축 및 통일비용과 관련된 이론적 고찰을 통하여 용어의 개념을 정의하고, 관련 내용을 포함하고자 한다. 군비감축과 관련된 범위는 유럽의 군비감축과 미 · 소의 대표적인 군비감축 사례를 연구한다. 군비감축은 남한의 국방개혁에 의한 병력감축을 중심으로 분석한다. 통일비용과 관련된 범위는 독일 통일에서 발생된 통일비용과 한국의 특성을 고려한 통일비용을 산출하여 적용한다. 통일비용은 북한의 경제 능력을 고려하여 남한 위주의 도출방법을 적용한다. 통일비용의 절약과 관련된 범위는 군비감축 사례를 통하여 분석된 내용 중 한국에서 적용 가능한 방안을 판단하고, 감축된 비용이 통일비용의 절약에 미치는 영향을 분석하고자 한다.

책의 전체적인 전개와 설명을 위하여 종속변수와 독립변수를 적용하였다. 종속변수는 주제의 목적을 궁극적으로 설명할 수 있는 '통일비용'으로 선정하였으며, 독립변수는 통일비용의 재원을 확보하기 위한 다양한 변수 중 '군비감축'을 선정하였다. 통일비용은 기금을 모으는 방법과 통일세를 적용하는 방법 등 다양한 방법이 있지만, 이 책에서는 군비감축을 통하여 축적될 수 있는 절약비용으로 한정하고자 한다. 군비감축은 군비통제의 광범위한 분야를 분석하기에는 주제에서 벗어날 수 있기 때문에 군사력 중 병력과 부대를 감축함으로써 얻어질 수 있는 분야로 한정하여 분석하고자 한다. 군비감축은 육군으로 한정하여 감축하는 병력 및 부대의 경제적 비용을 도출함으로써 통일비용의 기여도를 분석할 수 있을 것이다.

남한과 북한의 군비감축이 이루어지지 않는 원인은 남북이 협상의 테이블에서 상호 양보하기를 바라면서 제시하는 자유주의 시각에 의한 막연한 기대감의 실패로 판단된다. 남한은 자유주의 시각에 의한 접근전략을 구사하여 현재까지 추진하였으나, 일관성 없는 제안과 북한의 반복된 약속파기 등을 고려할 때 한계가 있다. 따라서 상대가 협상장으로 나올 수밖에 없는 환경을 조성하여 협상을 유도할 수 있는 공세적 현실주의를 적용하는 것이 타당하다고 본다. 공세적 현실주의의 대표학자인 미어샤이머에 의하면 힘에 의한 정치가 국제관계에서 핵심을 이루고 있다고 주장하고 있으며,[3] 평화는 한 국가가 스스로 대비태세를 갖추었을 때 즉, 상대에게 침략당하지 않을 능력이 있을 때 가능하다고 한다. 군비감축은 힘에 의한 대비태세를 갖추고 협상을 주도함으로써 원활하게 추진할 수 있다. 공세적 현실주의 이론은 남북의 상황에서 적용 가능한 군비감축의 이론적 논리를 제공할 수 있을 것이다. 이 이론으로 자유주의 시각에 의해 그동안 추진하였던 군비감축 활동에 대한 실패이유와 남북한 협상 활동을 통해 부딪히는 한계점들에 대하여 적절한 설명이 이루어질 수 있기 때문이다.

분석의 시각과 연계하여 분석수준을 살펴보면 한반도의 군비감축은 남북의 문제를 넘어서 국제환경 속에서 동아시아라는 하나의 체계 속에서 분석이 되어야 한다.[4] 남과 북은 하나의 단위체로서 동아시아의 체계 속에서 미국과 중국 등 강국들의 영향을 받을 수밖에 없는 상황이다. 따라서 분석의 수준은 거시적 시각 하에서 주변 국가 간 상호 관계에 의해서 영향을 받는 체계적 수준으로 판단하였다.

분석의 단위는 남과 북의 군비감축 논리를 효율적으로 나타낼 수 있는 군사력으로 보았다. 군사력은 다양한 분야로 구분할 수 있지만, 이 책

---

3 박채영, 『국제정치 패러다임』 (서울: 법문사, 2009), pp.155-156; 이정복, "현실주의, 신자유주의, 구성주의 국제정치이론가들의 주장과 한계", 『학술원논문집』 제53집 1호, (2014), p.389.

4 민병원, "국제정치와 시스템이론", 『한국정치학회보』 (2010), pp.58-59.

에서는 가시적으로 산정할 수 있는 병력과 부대 수에 한정하여 선정하였으며, 병력과 부대의 감축에 의한 절약비용이 통일비용에 미치는 영향을 분석하고자 한다.

위에서 제시한 문제의 제기와 질문 그리고 질문을 설명하기 위한 방법과 연구결과는 〈그림 1-1〉과 같은 분석모형을 적용하여 도출한다. 분

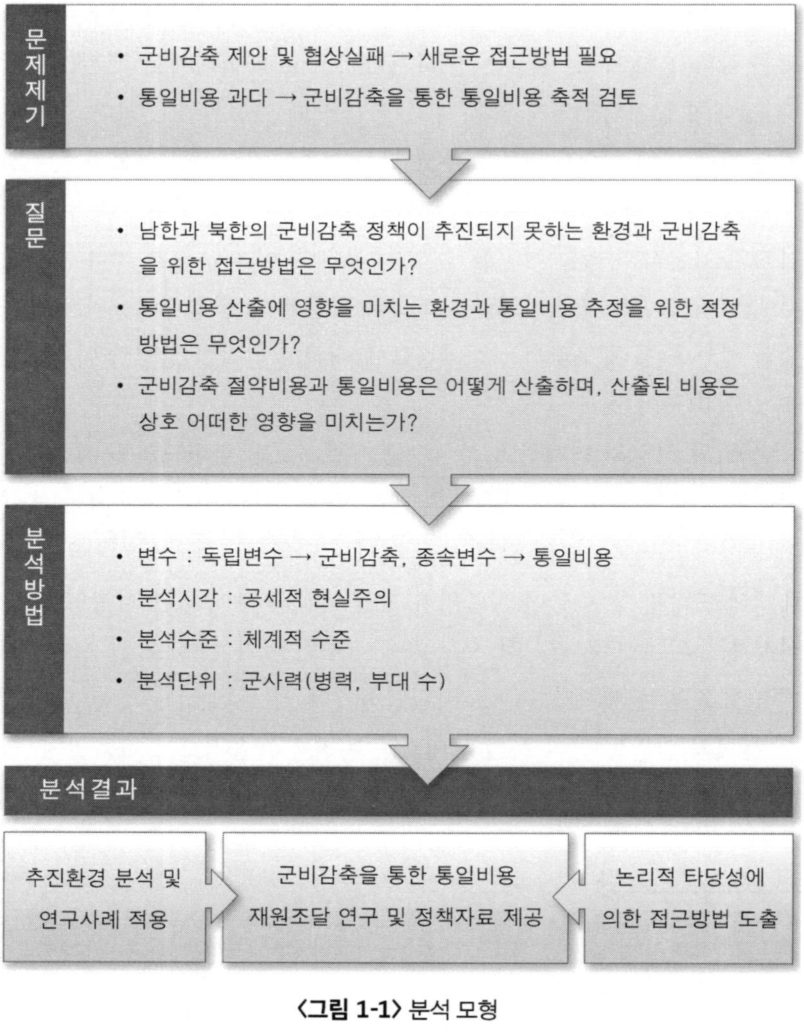

〈그림 1-1〉 분석 모형

석결과는 질문을 종합하고 정리한 것이며, 추진환경 분석 및 사례를 적용하여 논리적 타당성에 의한 접근방법을 도출하고, 한반도 군비감축이 통일비용 재원조달에 미치는 영향을 설명하였다.

이 책의 구성은 제1장 서론으로부터 결론까지 6개의 장으로 구성한다. 제1장 서론에서는 분석주제와 배경, 문제의 제기와 연구질문, 분석목적 그리고 전개의 범위와 방법을 제시하며, 분석의 방법을 더 쉽게 설명하기 위하여 적용변수와 분석의 시각 그리고 분석수준 및 분석단위를 선정한다. 제2장에서는 군비감축 및 통일비용과 관련된 연구내용과 연구자료의 주장을 분석하고, 이론적 배경 및 분석의 틀을 제시한다. 제3장에서는 군비감축 추진환경과 접근방법을 탐색하기 위하여 국내외 정치 · 경제적 환경과 관련된 기존의 연구내용을 참고하여 분석하고, 제한사항을 도출하며, 군비감축을 위한 접근방법을 제시한다. 제4장은 통일비용 추정환경과 추정방법을 탐색하기 위하여 독일의 통일비용과 국내외 통일비용 연구사례를 분석하여 통일비용 추정방법을 제시한다. 제5장은 군비감축의 절약비용이 통일비용에 미치는 영향을 분석하기 위하여 군비감축 비용 및 통일비용을 산출하고, 군비감축 절약비용이 통일비용에 어느 정도 영향을 미치는가를 상호 비교하여 설명한다. 마지막 제6장의 결론에서는 앞에서 제시한 내용에 대하여 정리하고, 분석결과에 대한 의의 및 정책반영 사항을 제시하며, 연구를 진행하면서 제한되었던 한계점과 향후 지속적인 연구를 위하여 보완 및 발전방향을 제시하기로 한다.

제2장

이론적 고찰

제1절 군비감축 이론 및 선행연구 검토

1. 군비감축의 개념

국가는 인접해 있는 타 국가의 위협에 맞서 자국의 안보를 지키기 위해 군사 능력을 증강하게 된다. 한 국가의 군사력 증강은 타 국가에 두려움과 위협을 주고 타 국가들은 안보를 확보하기 위해 군사력을 증강하는 안보 딜레마의 악순환에 놓이게 된다. 각국이 군사력을 증강하기 위해 경쟁에 돌입하면 국가 간 위협은 증대되고 나아가 사회 · 경제 전반에 영향을 미치게 되며, 결국 군사력을 증강하기 위한 경쟁을 줄이는 노력과 더불어 군비감축에 관심을 가질 수 있다. 손자병법에 싸우지 않고 이기는 전략이 최선의 전략이라고 하였다. 국가 간에 경쟁의 당사국은 특정 시기에 상호 얻을 수 있는 이익이 더는 발생하지 않는다는 것을 인지하였을 때 경쟁에 몰입하지 않게 된다. 양국은 적정선에서 경쟁을 중단하거나 협력을 통해서 상호 얻을 수 있는 이익으로 선회하게 된다. 즉, 군비경쟁에서 군비감축으로의 길로 들어서게 된다는 것이다.

군비감축(Disarmament)은 군비통제(Arms control)의 협의 개념으로 사용하거나 혼용하여 쓰기도 한다. 접근방법에 있어 군비감축은 전력규모를 소멸시키거나 감축의 의미를 포함하며, 군비통제는 군사적인 협력과정의 의미를 포함한다. 군비감축의 목적 면에서는 전쟁 가능성을 축소하거나 국가의 안보를 증진 시킬 수 있다는 측면에서 유사하다.[5]

군비감축은 군비축소, 군비제한으로 사용하거나 줄여서 군축이라고

5 국방부, "군비통제 설명자료", 『군비통제과』 (2018), pp.1-2.

표현한다. 군비감축의 의미와 내용은 국내외 학자에 따라 표현의 방법이 상이하다. 툴리우 & 셔말버저(Steve Tulliu & Thomas Schmalberger)가 표현하는 군비감축의 정의는 군사력의 수준을 축소시키거나 보유하고 있는 무기의 사용을 금지하는 것을 포함하고 있다.[6] UN 등 국제기구는 군비통제의 단어보다 군축의 용어를 많이 사용한다. 군축에 내포된 개념에는 핵 등 대량살상무기의 감축과 신뢰구축의 조치가 포함되어 있다. 마이클 시한(Michael Sheehan)은 군비감축의 정의를 모든 무기 및 전투병력을 폐기하거나 일부분을 폐기하는 일련의 활동이라고 하였다.[7] 김강녕은 군비감축을 군비축소라고 명명하고 보유 중인 무기와 전투병력을 실질적으로 감소시키는 것이라고 정의하였다.[8] 이운호는 군비감축을 군비의 축소라고 주장하고, 무기를 감축하거나 폐기하는 것으로 표현하였다.[9] 국내외 학자들의 군비감축에 대한 용어의 정의와 의미에 다소간의 차이는 있으나, 대부분 감축의 대상을 무기체계 및 병력 등의 군사력으로 한정하고 있다.

군비통제는 군비감축과 대립되는 개념으로 정의하거나 군비감축을 포함한 포괄적인 개념으로 정의하는 경우도 있으며, 군비통제와 군비감축을 혼용하여 사용하기도 한다. 셸링과 핼퍼린(Thomas C. Schelling & Morton Halperin)은 군비통제를 "잠재적인 적대국 사이에서 전쟁의 가능성을 줄이고 전쟁 시에는 그 범위와 위력을 제한하며, 평시 전쟁 준비에 소요되는 정치 및 경제적 비용을 축소시키기 위해 시행되는 군사적 협력의 모든 형태를 포함하는 것을 의미한다."[10]라고 하며 평상시부터 전쟁

6 Steve Tulliu · Thomas Schmalberger, 『군비통제, 군축 및 신뢰구축 편람』 이충면 역, (제네바: 유엔 군축연구소, 2003), pp.252-255.

7 Michael Sheehan, Arms Control: Theory and Practice(New York: Basil Blackwell, 1988), pp.7-8.

8 김강녕, 『남북한 관계와 군비통제』 (경주: 신지서원, 2008), pp.257-259.

9 이운호, 『남북한과 국제정치』 (서울: 서울프레스, 1992), pp.245-246.

10 Thomas C. Schelling & Morton H. Halperin, "Strategy and Arms Control"

시까지 정치 및 경제를 포함하는 포괄적인 개념을 내포하고 있다.

국내에서 포괄적 개념으로 접근하는 학자인 박영규는 군비통제를 전쟁 도발 유혹이나 오판을 막을 수 있는 운용적 군비통제와 전쟁을 도발하는 능력을 감소시키거나 제거할 수 있는 구조적 군비통제를 동시에 포함하는 포괄적 개념으로 정의하고 있다.[11] 김태현은 군비통제를 무기 및 전투병력의 배치와 운용은 물론 군사적 신뢰를 확보하여 안보의 안정을 포함하는 모든 군사 활동으로 정의한다.[12] 이 두 학자는 군비통제의 개념에 대해서 군비감축을 포함하는 포괄적인 의미로 접근하고 있으며, 군비감축보다 완화된 의미로서 신뢰구축에 가까운 개념으로 해석하고 있다.

김강녕은 군비통제를 군비경쟁과 연계하여 군비경쟁을 안정화 및 제도화하여 군비경쟁으로부터 발생할 수 있는 위험을 최소화하는 노력으로 정의하고,[13] 이운호는 국가 간 전쟁의 위험을 줄이기 위하여 협상을 통해 군사력을 관리하는 것이라고 정의한다.[14] 이 두 학자는 군비통제를 군비감축의 무기체계 및 병력의 축소 또는 폐기라는 직접적인 표현보다 전쟁을 회피하고 정치 · 경제적으로 부담을 줄이고, 안보를 관리하는 개념으로 정의하고 있다.

군비통제와 군비감축은 개념적으로는 분리하여 사용하거나 혼용할 수 있으나 군비와 관련한 협상 당사국과 다양한 국가가 참여하여 추진하는 상황에서 적용할 때는 국제환경과 협상에 임하는 국가 간 신뢰수준 그리고 정치적 판단과 더불어 복잡한 상황과 여건을 고려하여 판단할 수 있다. 한반도에서는 당분간 남북의 협상 또는 강압에 의한 군비감축이

Published in cooperation with The Twentieth Century Fund, (1985), p.2

11 박영규, "한반도 궁비통제의 재조명: 문제점과 개선방향", 『통일연구원』 연구총서 00-14, (2000), p.9.

12 김태현, "남북한 재래식 군비통제: 평가와 발전방향", 『한국군사』 제4호 (2018), pp.5-6.

13 김강녕, 앞의 책, pp.257-258.

14 이운호, 앞의 책, pp.245.

제한될 것으로 판단된다. 따라서 이 책에서의 군비감축은 소련의 고르바초프 개혁개방에 의한 일방적 군비감축과 연계하여 남한 자체에서의 병력감축을 군비감축으로 가정하고 이를 통한 감축비용을 도출하고자 한다. 이 책에서 군비감축은 군사력의 핵심인 병력과 무기체계 감축의 범위로 한정하여 적용한다.

2. 군비감축 유형

군비감축의 유형은 군비통제의 형태 속에서 군비통제의 일부분 또는 협의의 유형으로 분석하고 있다. 군비통제는 학자들에 따라 다양하게 분류되는데 통제대상, 참여국가의 수, 대상국 범위, 무기형태, 참여방법 등에 따라 구분한다.

통제대상에 의한 구분은 규제기법 또는 통제방법으로 명칭을 사용하나 분류 항목상으로는 운용적 군비통제와 구조적 군비통제로 동일하다.[15] 운용적 군비통제는 군사력의 배치와 운용을 통제하는 유형으로 전쟁의 규칙 배비, 통신 및 행정협정, 신뢰구축 조치 등 군사활동에 대하여 상대방에게 공개하고 상호 확인 및 감시를 통하여 기습공격과 전쟁 발발의 위험을 감소 및 방지하는 통제방법이다.[16] 이 통제방법은 비교적 하위의 수준에서 상호 신뢰구축을 바탕으로 의사소통 및 군사활동에 대한 정보교환, 전쟁의 규칙 및 행정협정 등이 포함되며,[17] 대표적 사례로는 유

15 Richard Dariek, "The Future of Conventional Arms Control in Europe: A Tale of Two Cities, Stockholm and Vienna," Survival, 29-1(January/February 1987), pp.5-6; 국방부,"군비통제 설명자료"(서울: 군비통제과, 2018), pp.1-2; 남만권, 『군비통제 이론과 실제』(서울: 한국국방연구원, 2004), pp.62-63.

16 황진환, "남북경협을 통한 대북한 군비통제정책", 『국제논총』 36(3), (1997), p.477.

17 류재갑, "남북한 군비통제안의 비교와 대안적 접근," 『한국정치학회보』 29편 4호, (1996), p.477.

럽안보협력회의(CSCE)를 통한 헬싱키 신뢰구축조치(CBM)와 스톡홀름의 신뢰 및 안보구축조치(CSBM) 등이 있다. 구조적 군비통제는 무기체계 및 병력에 대하여 실질적으로 제한하거나 감축하는 방법으로 군사력의 건설 및 획득에 대한 제한 및 감축, 특정 지역에서 무기 사용의 제한 그리고 무기의 생산이나 이전에 대한 제한 등을 통제하는 방법이다.[18] 구조적 군비통제는 군비의 증가를 한정하거나 군사력의 규모를 축소하는 등 실질적인 군비축소로 볼 수 있으며, 대표적 사례로는 유럽의 상호균형감군협상(MBFR)에 이은 재래식전력감축협정(CFE)와 미국과 소련이 체결한 전략무기제한협정(SALT) 등이 있다. 이러한 개념의 구조적 군비통제는 군비감축의 개념에 가깝다.

참여국가의 수에 따른 분류는 일방적 군비통제와 쌍무적 군비통제, 다자간 군비통제의 3개 유형으로 구분한다.[19] 일방적 군비통제는 1985년 소련이 경제적 필요성에 의해 군사력을 감축한 사례와 1992년 한국에서 한미 팀스피리트 훈련을 일방적으로 중단한 것처럼 한 국가가 타국에 대하여 협력을 끌어내기 위하여 행하는 통제이다. 쌍무적 군비통제는 2개의 국가 또는 기구 당사자 간 협상에 의해 이루어지는 통제로서 미국과 소련이 체결한 전략무기제한협정이 대표적이며, 단일국가는 아니지만 유럽의 북대서양조약기구(NATO)와 바르샤바조약기구(WTO) 간 체결한 재래식전력감축협정(CFE) 등이 있다. 다자간 군비통제는 3개국 이상의 국가가 협상하여 행하는 통제로서 1972년에 체결된 생물무기금지협약(BWC)와 1993년에 체결된 화학무기금지협약(CWC) 등이 있다.

대상국 범위에 따른 구분은 국제 군비통제와 지역 군비통제가 있

18 황진환, "남북경협을 통한 대북한 군비통제정책", p.477; 류재갑, "남북한 군비통제안의 비교와 대안적 접근", p.477.

19 송대성, 『한반도 국비통제: 이론, 실제 그리고 대책』 (서울: 신태양사, 1996), pp.46-47: 남만권, 앞의 책, pp.59-60.

다.[20] 국제 군비통제는 세계 모든 국가가 참여하여 통제하는 형태로 강대국의 입장에서는 국제사회의 영향력 확대 및 자국의 우위를 유지하기 위한 수단으로 사용하며, 다른 국가들에게는 자국의 안보를 보장받기 위한 수단으로 활용하고 있다. 국제 군비통제의 대표적인 사례는 1968년에 체결한 핵확산금지조약(NPT)이 있다. 지역 군비통제는 참여하는 국가가 일부지역으로 한정된 통제로 다자간 군비통제와 유사한 성격을 지닌다. 지역 군비통제의 대표적인 사례는 1953년 한반도에 설정된 비무장지대(DMZ)와 1995년 동북아의 일정지역을 비핵지대로 설정한 동북아 제한적 비핵지대화회의(LNWFZ-NEA)가 있다.

그 밖에 무기형태에 의한 유형은 핵무기 군비통제와 재래식무기 군비통제로 구분하며,[21] 참여방법에 따른 군비통제는 이행 방법에 따른 군비통제라고도 하며 강제적 군비통제와 자발적 군비통제로 구분한다.[22] 이상의 군비통제 유형 중 본 연구에서는 특정 유형의 적용보다는 상황과 여건에 따라 여러 가지 유형이 연계된 형태로 적용하고자 한다. 즉, 통제대상의 유형은 군비감축이 적용된 구조적 군비통제가 적용될 것이며, 참여국가의 수면에서는 한반도의 특성상 주변 강대국의 영향력을 고려한 다자간 군비통제가 적용될 수 있다. 대상국 범위에서는 국제 군비통제와 한반도를 중심으로한 지역 군비통제가 연계하여 적용되고, 무기형태면에서는 재래식 군비통제 그리고 참여방법에 있어서는 국제적 압박에 의한 강제적 군비통제와 과거 소련의 냉전 종식과 연계된 자발적 군비통제의 형식도 적용될 수 있다.

---

20 남만권, 앞의 책, pp.63-66.

21 남만권, 앞의 책, pp.60-62.

22 남만권, 앞의 책, pp.66-67.

3. 군비감축 이론

한 국가는 외부 세력으로부터 안보를 유지하고 국민을 지키기 위하여 자체 능력으로 타 국가보다 우월한 군사 능력을 확보하기 위하여 노력하며 상대국가도 마찬가지로 경쟁을 유발하여 안보 위협을 초래함으로써 안보의 딜레마를 맞게 된다. 현대전은 정보 능력과 무기체계의 첨단화로 전쟁양식이 변화하고 패권적 군사력을 보유한 특정 국가에 의한 위협에 직면하기도 한다. 따라서 국가의 안보는 1개 국가의 능력으로 안보를 확보하기는 제한되며, 주변 국가와 동맹을 구축하거나, 군사적 협력을 통해서 가능할 수 있다. 대만의 경우 직면하고 있는 중국의 위협으로부터 안보를 확보하기 위하여 미국과 동맹을 맺고 있으며, 대만에 안보 위협이 발생하게 되면 이 협력에 의거하여 미국의 군사력이 1주 이내 투입할 수 있는 체계가 구축되어 있다.[23] 싱가폴의 경우는 주변의 여러 국가와 이해관계 및 협력체계를 구축하여 유사시 도움을 받을 수 있는 조건을 형성하고 있다.

이러한 상황에서 남한과 북한이 군비감축과 관련하여 어떠한 시각으로 바라보고 어떠한 전략으로 접근하고 있는지 살펴보기로 한다. 먼저 군비감축의 시각적인 면에서 자유주의 관점을 살펴보면 코헤인(Robert O. Keohane)은 군비감축과 관련된 안보는 국가 간 협력의 중요성을 강조하면서 국제적인 규정과 제도가 결정적인 역할을 한다고 한다.[24] 즉, 제도적인 측면을 강조하여 국가 간에 협력이 체계적으로 구축되어 있으면 전쟁의 위험 상황에서 상호협력으로 극복할 수 있다는 것이다. 제도적 측면을 중시하는 자유주의의 입장에 선 학자들은 국가 간에 제도가 잘

---

23 이철재, "전쟁 1주일만 버티면 된다, 중과 맞서는 대만 비밀병기", 중앙일보(2019년 5월 5일), https://news.joins.com/article/23458992(검색일자: 2019년 8월 4일).

24 이정복, 앞의 책, pp.393-396; Robert O. Keohane and Joseph S. Nye, Power and Interdependence(Glenview, Illinois: Scott, Foresman/Little, 1989), pp.20-21.

구축되어 있으면 제도 자체가 신뢰와 연계되고 협력이 원활하게 이루어짐으로서 군사문제도 상호 이익을 얻을 수 있다는 것이다. 이들의 주장은 국제적으로 잘 구축된 체계와 제도는 상호 간의 갈등을 해소하고 두려움을 제거함으로써 정치 · 군사 등 제반 협력을 증진 시킬 수 있다고 한다.[25] 제도적 측면에서 자유주의적 접근이 이루어진 국제회의가 유럽안보협력회의(CSCE: Conference on Security and Cooperation in Europe)이다. 이 회의는 국가 간에 안보 및 군사적 문제로 갈등이 도출되었을 때 유럽 각국이 제도가 갖는 특성을 적용하여 군비통제에 가까이 접근할 수 있었다.

국제정치에서 제도를 중시하는 자유주의에 의한 국가 간 평화는 전 세계의 다양한 국가에서 끊임없이 이어지는 전쟁으로 타당성이 약화 되고 있으며, 최근에는 국가 능력의 확보로 질서가 유지된다는 현실주의가 등장하고 있다. 현실주의를 주장하는 학자들은 국가 간에 갖추어진 협력으로 이루어지는 효과는 크지 않고, 상충 되는 갈등의 해소도 쉽지 않다고 하며, 제도에 의한 국가 간 협력에 대하여 부정적 시각을 갖고 있다. 국가의 생존과 이익을 위해 다른 국가들 보다 힘의 우위를 추구하고 유지하려 한다는 것이다. 현실주의를 주장하는 학자들은 국제적인 제도에 의한 협력을 부정하며, 그 결과에 대하여 지나치게 높게 평가되고 있다고 생각한다.[26] 최근 중국은 미국의 패권에 맞서 패권화를 추구하고, 미국은 자국 우선 정책에 의거 중국을 공격하는 등 공세적 상황을 지속적으로 추진하고 있다. 대부분의 현실주의 학자들은 국가의 사활과 관계되는 이익과 관련해서는 국익이 무엇보다 중요하기 때문에 제도에 의한 국가 간 협상은 외형적으로 달성 가능할 수 있으나 실질적으로 협력

25 이정우, "다자간 안보협력과 군비통제의 모색", 『한국세계지역학회 세계지역연구논총』 36-3, (2018), pp.111-112.

26 이정복, 앞의 책, p.400; John J. Mearsheimer, "Back to the Future: Instability in Europe after the Cold War", International Security, Vol.15 No.1(Summer, 1990), pp.5-6.

이 제한된다고 한다. 이들 학자는 국가 간 협력을 완전히 무시하지는 않으며 국제제도보다는 국익이 우선하고 국익 차원에서 억제(deterrence) 및 세력균형(balance of power)의 공존에 의해서 결과가 달성되어 진다고 한다.[27] 최근 미국과 일부 국가는 공세적인 현실주의 전략을 활용하여 질서를 유지하려 한다.[28] 공세적 현실주의자로 알려진 미어샤이머(Mearsheimer)는 국가 간 세력균형 상태를 유지하려는 의지보다 국익 차원에서 국가의 힘을 보다 강력하게 유지하려고 노력하며, 필요시 주변국가에 대하여 희생을 강요해서라도 지속적으로 힘에 의한 권력을 추구하려 한다.[29] 안보와 경제적인 측면에서의 이익을 중시하는 국가는 협상에 의한 결과를 의심하며 국가 간 신뢰를 무시하고 안보 및 경제의 이익에 치중하여 경쟁을 유발함으로써 제도와 협력에 의한 군비감축은 힘들어지고 강요에 의한 군비감축의 조건이 형성된다는 것이다.

한반도 상황에서 공세적 현실주의는 남북이 대치된 상황과 국제관계에서 미치는 영향은 더욱 크다고 볼 수 있다. 한반도의 남쪽에 위치한 남한은 미국 중심의 정치 및 군사 관계를 형성하고 있고, 북한은 중국에 치우치면서 러시아와 연대를 형성하고 있다. 이렇게 강력하게 대치하고 있는 남북의 관계는 국제관계와 연계하여 현실주의적 사고를 취할 수밖에 없다. 이춘근은 한반도 상황에서 남한이 현실주의적 시각을 형성하고 있는 이유를 국제정치 하에서 있는 그대로의 모습을 나타내는 적절한 분석적 시각이라고 주장한다.[30] 최종근도 동일한 시각에서 한반도의 상황을 직시하여 한반도의 현실을 바라보는 시각은 현실주의 이론 적용이 가장

---

27 이정우, 앞의 책, p.109.

28 이원우, "안보협력 개념들의 의미 분화와 적용", 『국제정치논총』 제51집 1호, (2011), p.36.

29 John J. Mearsheimer, 『강대국 국제정치의 비극』 이춘근 역(서울: 김앤김북스, 2017), pp.55-61.

30 이춘근, 『현실주의 국제정치학』 (서울: 나남, 2007), p.10.

적절하다고 한다.[31] 군비감축의 문제는 한반도를 둘러싸고 있는 주변의 강대국 영향을 받을 수밖에 없으며, 이러한 영향을 받을 수밖에 없는 상황이라면 국제관계의 상황을 적용하여 군비감축에 접근하는 것이 적절할 것이다.

북한과 남한은 지속적인 대화와 협상을 시도하였지만, 북한의 일방적인 신뢰를 상실하는 행동으로 인하여 반복적인 실패의 악순환이 지속되고 있다. 북한은 이상주의적 정치성향을 지향하면서 군비감축과 관련한 문제는 공세적인 형태를 취하였으며, 남한은 현실주의적인 성향을 지향하면서 군비감축의 문제에서는 소극적인 태도를 보였다.[32] 이와 같은 극과 극의 상황에서 북한을 대할 때는 제도와 협상에 의지하기보다 주변국 군사력에 의한 압도적 우위와 경제적 이익의 불가피한 상황을 조성하여 협상의 테이블로 끌어내는 정책이 필요하다. 국제관계에서 각국은 이익에 의해 정책을 수립하고 타국과의 관계에서 이익이 있어야 정책을 추진한다.[33] 군비감축에 있어서도 안보에 유해한 협상은 하지 않을 것이다. 따라서 안보에 위협을 가하지 않을 상황을 조성하거나 안보보다 우선이 되는 이익을 제시함으로써 협상이 가능해진다.

군비감축을 위한 협상의 접근방법은 통상 단계적인 접근방법을 적용하고 있다. 단계적 접근방법을 주장하는 학자는 군비감축의 접근단계를 '신뢰구축 → 운용적 군비통제 → 구조적 군비통제' 형태로 주장한다. 이러한 주장은 유럽의 군비감축 단계에도 적용이 되었고 남한에서도 이와 유사한 형태로 '先 신뢰구축 → 後 군비감축'의 단계를 제시하였다. 국방백서에서도 '남북기본합의서'에 이어 2018년 판문점 선언에서도 신뢰구

31 최종근, "신현실주의 기원과 한국 국제정치학의 이론적 함의", 『국제정치논총』 第53집 4호 (2013), p.24.

32 함택영, "21세기 한반도 평화전략: 군사력균형과 군비통제 · 군축전망", 『경남대학교 극동 문제연구소』 (2002), p.25.

33 이원우, 앞의 책, p.37.

축을 통하여 점진적 · 단계적으로 추진해 나갈 것을 재확인하였다.[34] 반면 북한은 군비감축을 통하여 신뢰구축을 하자고 주장하고 있다. 남과 북의 엇갈린 제안은 형식적인 제안에 불과하며, 각자의 주장으로 지속적인 평행선을 달릴수 밖에 없다. 군비감축의 접근단계와 관련한 방법으로는 단계화보다 신뢰구축과 군비감축을 포괄적인 접근에 의한 동시 진행으로 서로의 접근방향을 모색이 필요하다.

남한과 북한은 주변 강대국에 둘러싸여 있고 이들 국가의 영향을 받지 않을 수 없다. 남한과 북한에 의한 쌍무적 군비감축은 제한을 받을 것이며, 강력한 군사력에 의해 일방적인 군비감축도 당장은 제한되므로 국제적인 지원과 협력을 바탕으로 하는 다자간 군비감축의 형식을 취할 필요가 있다. 지역적으로도 동일한 개념에서 남북한을 중심으로 미국과 중국 나아가 러시아와 일본이 참여하는 지역적 군비감축의 형태를 취할 수 있다. 결국 한반도에서의 군비감축은 남북한 상호 간에 이루어지기보다는 국제관계의 거시적인 시각에서 체계적 수준으로 군비감축이 이루어질 것이다. 중국과 미국이 첨예하게 대립하고 있는 남중국해와 동중국해의 갈등은 이 지역의 경제적 · 군사적 중요성으로 인해 군사적 위협으로 확대되고 있다. 중국은 A2/AD 전략으로 미국은 인도-태평양 전략으로 맞서고 있다. 그러나 이 지역은 양국의 문제가 아닌 대부분의 아시아 국가가 관여되어 있으므로 국제적 공공재로서 관리하는 것이 대립을 줄일 수 있다. 한반도의 군비감축도 추진의 결과를 국제적인 공공의 이익을 달성하는 방향으로 전략을 추진하는 것도 검토해 볼 수 있다.

34 국방부, 『2018 국방백서』 (국방부: 2018), pp.213-214.

4. 군비감축 선행연구 검토

선행연구는 군비감축과 관련된 주제와 연계하여 접근방법, 신뢰구축과 군비감축의 관계와 관련된 전략 등을 참고하여 현상 및 문제점을 분석하고 군비감축이 추진되지 못하는 이유를 제시하고자 한다.

1) 단계적 접근 전략과 관련된 연구

군비감축의 단계적 접근전략은 통상 '先 신뢰구축 → 後 군비감축'의 형태로 진행된다. 이러한 접근전략은 정치적 또는 경제적으로 신뢰를 구축한 후 군비감축에 접근함으로써 목표를 달성할 수 있다는 것이다. 상호 신뢰가 형성되지 않은 상태에서 군축의 단계부터 시작된다는 것은 실천이 이루어지기 어렵다는 것이다. 단계적 접근전략의 또 하나의 유형은 '신뢰구축 → 운용적 군비통제 → 구조적 군비통제'로 진행된다. 2개의 유형은 결국 점진적 · 단계적으로 접근하는 공통점을 갖고 있으며, 운용적 군비통제를 신뢰구축에 포함하는 개념과 군비감축에 포함하는 개념에 따라 연구의 방향이 달라진다.

조성욱은 '한반도 비핵화의 단계적 · 포괄적 해법연구'연구에서 군비감축을 단계화하는 방안을 제시하였다. 단계화 방안은 먼저 정치적으로 신뢰를 구축한 다음 군사적 신뢰를 구축하고, 마지막으로 군비를 감축하는 순서로 진행되며, 군비감축은 신뢰구축이 선행된 다음 가능하다고 한다. 남북한의 군사적 신뢰가 구축되어도 정치적 신뢰가 구축되지 않으면 군비감축은 제한된다는 것이다.[35] 군비감축을 달성하기 전 정치적 협의에 의해 남 · 북한 교류 및 협력을 통하여 신뢰구축을 형성하는 것이 합리적 절차라고 강조한다. 조성욱의 '선 신뢰구축 후 군비감축'은 유럽과

35 조성욱, "한반도 비핵화의 단계적 · 포괄적 해법 연구", (박사학위논문, 북한대학원대학교, 2018), pp.36-59.

같은 정상적인 국가 및 기구에 의해서 이루어지는 통상적인 절차이며, 이러한 절차가 원활하게 진행된다면 단계적 접근전략은 적절할 것이다. 그러나 이러한 전략은 이상주의적 접근전략으로서 한반도 특히, 북한과 같은 정치형태와 외교사례를 볼 때 선 신뢰구축은 달성하기 어려워 보인다.

김재철은 '남 · 북한의 재래식무기 군비통제 접근방향' 연구에서 군비감축의 단계적 접근방법을 제시하였다. 남북의 군비통제는 평화공존을 유지시키고 군비통제를 추진해야 한다고 하며, 남북 간 교류협력의 군사적 보장하에서 군비통제의 점진적 추진을 강조하였다. 접근단계는 북한 핵 해결문제와 남북 간 신뢰구축의 선 해결을 강조하며 다음 단계로 운용적 군비통제를 통해서 군사적 신뢰를 구축하고 마지막으로 구조적 군비통제를 통해서 공격무기와 병력을 감축할 수 있다고 한다.[36] 류재갑은 '남한과 북한 군비통제의 비교 및 대안적 접근'에서 김재철과 유사한 접근전략을 제시하였다. 군비통제는 통일로 가기 위한 전제조건으로 설정하며 상호신뢰의 분위기를 강조하면서 단계적 접근전략의 필연성을 주장하였다. 군비감축의 단계를 '예비적 신뢰구축 → 신뢰구축 → 위기감소 → 군비감축 → 신뢰유지'의 5단계로 하였다.[37] 예비적 신뢰구축과 신뢰구축 그리고 위기감소 조치는 통합의 가능성을 열어놓고 단계를 축소할 수 있으나 단계화의 필요성을 강조하였다. 그러나 연구의 후반부에 쌍방간의 합의가 있으면 단계가 동시에 진행될 수 있고 융통성을 지녀야 한다고 강조함으로써 다소 모순을 내포하고 있다.

문재인 정부가 들어서면서 신뢰구축 우선에 의한 접근전략이 대세를 향하고 있다. 문성묵은 '군비통제 본격화 국면: 합의이행과 검증도 철저하게'의 제목으로 『통일 한국』게재 연구에서 신뢰구축의 필요성에 대하

36 김재철, "남 · 북한의 재래식무기 군비통제 접근방향", 『동북아연구』 23권 2호 (2008) pp.11-12.

37 류재갑, 앞의 책, pp.503-506.

여 강조하였다.[38] 기본적으로 군비통제가 '신뢰구축 → 운용적 군비통제 → 구조적 군비통제(군축)'의 형식을 바탕에 두고 남북의 신뢰성을 강조하고 있다. 최근 문재인 정부에서 추진하고 있는 신뢰회복 활동을 바탕으로 현실적 안보의 우려를 극복하고 신뢰확보의 중요성을 강조하며, 북핵 해결과 동시에 군사적 신뢰구축에 대한 적극적인 조치의 필요성을 주장하였다. 이 정부에서는 남북의 신뢰성을 강조하나 70년 동안 그래 왔듯이 2020년에도 북한은 2018년의 남북합의서를 무시하고 독자적 행동과 위협행위를 반복하고 있어 자유주의 시각에 의한 접근이 실패하고 있음을 알 수 있다.

단계적 접근전략의 주요특성은 〈표 2-1〉에서 보는 바와 같이 다양한 조치내용과 특성을 내포하고 있다. 신뢰구축 전략은 예비적 신뢰구축과 신뢰구축 활동으로 구분할 수 있으며, 예비적 신뢰구축은 정상 및 고위급 회담과 경제 · 문화적 교류를 포함하는 정치 · 경제 · 문화적 신뢰구축 등 신뢰조성의 사전단계적 조치를 포함한다. 신뢰구축 활동은 회담의 후속적 성격으로 세부 합의사항을 도출하고 일부 군사적 통제를 포함하는 정치 · 군사적 신뢰구축으로서 신뢰조성과 회담의 가시적 조치를 포함한다. 군비감축의 단계는 운용적 군비통제와 구조적 군비통제로 구분하고, 운용적 군비통제는 신뢰구축의 후속단계로 군사활동 금지 및 특정무기체계 배치 제한 등을 포함하며, 군사적 신뢰구축으로서 군사적 위협의 감소 조치를 포함한다. 구조적 군비통제는 무기체계 및 병력의 폐기와 감축 그리고 특정무기의 생산 금지를 포함하며 실질적인 군비감축 단계로 제시한다. 이러한 단계적 접근전략은 자유주의적 시각으로서 신뢰에 기반을 둔 협상전략을 추진함으로써 장기간의 협상이 요구되며 단계별 추진간 정치 · 군사적 문제의 발생시 지속되기 어려운 상황이 도래될 수 있다.

---

38 문성묵, "군비통제 본격화 국면-합의이행과 검증도 철저하게", 『통일 한국』 (2018), pp.16-19.

<표 2-1> 단계적 접근전략의 주요특성

구 분	접근전략			
	신뢰구축		군비감축	
단 계	예비적 신뢰구축 (정치 · 경제 · 문화적 신뢰구축)	신뢰구축 활동 (정치 · 군사적 신뢰구축)	운용적 군비통제 (군사적 신뢰구축)	구조적 군비통제 (군비감축)
조 치 내 용	• 정상회담 • 장관회담 • 고위급회담 • 경제 협력 • 문화적 교류	• 합의사항 도출 • 평화조약 체결 • 불가침 선언 • 군사활동 금지 • 특정 무기체제 사용 통제	• 군사훈련 상황 통보 및 참관 • 대규모 군사활동 금지 • 특정 무기체계 배치 제한	• 무기체계 및 병력 단계적 폐기 · 축소 • 특정무기 생산 금지 • 외국군 철수
주 요 특 성	• 신뢰조성의 전제조건 • 선언적 조치	• 신뢰조성 조치 • 회담 결과에 대한 가시적 조치	• 위협 감소 조치 • 상대국 군사 활동 감시	• 실질적 군비감축 • 감축활동 감시 및 검증 조치

출처 : 조성욱, 앞의 책", pp.34-35; 류재갑, 앞의 책, pp.505-506 등을 참조하여 작성.

2) 포괄적 접근전략과 관련된 연구

군비감축의 포괄적 접근전략은 '先 신뢰구축 → 後 군비감축'의 형태 등 단계적 접근전략에서의 순차적 접근과는 상이하게 단계적 적용을 초월하여 각 단계를 통합하거나 동시 또는 다면적 수행 방안 그리고 순서를 조정함으로써 탄력적으로 접근하여 목표를 달성할 수 있다는 것이다. 포괄적 접근전략은 점진적이고 단계적인 절차를 거치지 않고 국가적 상황과 협상의 진전에 따라 대처한다는 차원에서 단계적 접근보다는 유연성이 있다.

윤종우는 '한반도 군비통제의 포괄적 병행접근에 관한 연구' 논문에서 군비통제를 포괄적으로 접근하는 방안을 제시하였다. 남한과 북한의 관계 · 미국과 북한의 관계 · 중국과 미국의 관계 등 국가 간 관계와 북핵과 같은 민감한 문제 등 정치적 사안을 고려하여 군비통제를 포괄적으로 접근하였다. 군비통제 협상 간 정치 · 군사적 신뢰구축과 운용 및 구조적 군비통제 각각의 분과위원회를 만들어 포괄적 협상으로 추진하여야 한다고 한다.[39] 그러나 윤종우는 포괄적 추진을 주장하면서 시간의 흐름에 따라 '평화구축기 → 평화공존기 → 통합추진기'로 단계화하면서 평화구축기에는 신뢰구축의 부분을 다루고, 평화공존기에는 신뢰구축이 된 분야에 대하여 확대 추진하며, 통합추진기에는 실질적인 군비감축을 논의한다고 하였다.[40] 각 단계별로 군비감축의 내용을 포함하였지만, 부분적으로 단계적 접근전략을 포함하며 현실주의적 접근이라고 주장하지만 신뢰구축으로부터 실질적인 군비감축의 단계를 거침으로써 이상주의의 틀을 벗어나지 못하고 있다.

김동엽은 "군비통제이론과 남북군사합의 이행"의 논문에서 전통적 접근방법과 포괄적 접근방법의 2개 형태로 주장하였다. 전통적 접근방법은 '신뢰구축 → 운용적 군비통제 → 구조적 군비통제'의 순으로 진행된다고 하며, 추진의 방법 면에서 강압과 협의를 통해서는 적용되기 힘들다고 한다. 포괄적 접근방법은 협력안보를 토대로 군사문제와 정치 · 경제적 문제를 군비통제와 연계하여 추진함으로써 갈등을 줄이고 군비통제에 접근할 수 있다고 하며, 군사적 부분과 비군사적 부분을 포괄함으로써 군비통제의 목적을 달성할 수 있다는 것이다.[41] 그러나 김동엽은 포괄적인 접근방법을 주장하면서 평화구축을 핵심으로 '평화지향기 → 평화이행기 → 평화제도화기'의 단계로 진행한다고 한다고 한다.[42] 이러한 단계는 다자안보의 틀에서 한반도형 군비통제의 방안을 제시하였으나

39 윤종우, "한반도 군비통제의 '포괄적 병행접근'에 관한 연구", (박사 학위논문, 단국대학교, 2009), pp.180-189.

40 윤종우, 앞의 책, pp.216-248.

41 김동엽, "군비통제이론과 남북군사합의 이행", 『북한연구학회』 북한연구학회 동계 학술발표논문집 2018권, (2018), pp.515-516.

42 김동엽, 앞의 책, pp.521-522.

결국 신뢰구축의 전제하에 운용적 군비통제와 구조적 군비통제의 형태로 진행할 수밖에 없다고 스스로 포괄적 접근에 대한 한계를 내포하였다.

신문식은 '국제 군비통제 레짐과 한반도 군비통제 방안'의 논문에서 군비통제를 평화체제 구축의 전제 또는 일부로서 단계적 접근보다 포괄적 접근을 주장하였다. 유럽에서의 군비감축이 운용적 군비통제와 구조적 군비통제를 동시에 추진함으로써 어느 하나가 단절되더라도 다른 하나를 추진할 수 있기 때문에 가능하였다고 하며, 다면적 모형의 접근방법을 제시하였다. 단계적 · 점진적 접근에 의한 방법은 1차원의 선형적 방법으로서 하나의 단계에서 문제가 생기면 다음 단계로의 이행이 곤란하다고 하며, 2차원의 다면적 방법(multi faceted)을 통해서 추진해야 한다고 한다.[43] 즉, 남북교류 증대와 신뢰구축 및 군비감축의 단계를 순서에 의한 추진이 아닌 동시적으로 추진하여 상호보완함으로써 목적을 달성할 수 있다는 것이다. 다자 협력안보의 환경속에서 남북교류와 신뢰구축, 군비감축을 하나의 공간으로 판단하여 동시에 추진한다는 독특한 모형을 구축했다는 데 의의가 있다.

최강은 '국제 군비통제와 한반도 군비통제'의 논문에서 한국의 군비통제 정책이 한반도 위주의 근시안적 접근에 대하여 비판하면서 군비통제를 통합적 · 광역적 접근의 중요성을 강조하였다. 군비통제는 남한과 북한간의 제한된 군비통제에 초점이 맞추어져 국제 동향파악이 미흡하다는 한계점을 지적하면서 한반도 군비통제는 국제 군비통제의 일부로 포함되어야 한다고 주장한다.[44] 군비통제는 중 · 장기적 관점을 가지고 국제환경과 국내의 여건을 고려하여 군비통제의 단계적 접근보다 동시다발적이고 상호보완적으로 추진해야 된다고 한다. 최강의 군비통제 접근전략은 국제적 환경을 고려한 포괄적 접근전략으로 판단 된다.

---

43 신문식, "국제 군비통제 레짐과 한반도 군비통제 방안", 『아태 쟁점과 연구』 여름 (2006), pp.73-89.

44 최강, "국제 군비통제와 한반도 군비통제", 『국제관계 연구』 2(2) (1997), pp.106-107.

함택영은 '21세기 한반도 평화전략: 군사력균형과 군비통제 · 군축전망'에서 남북의 상이한 군비감축 전략을 지적하면서 포괄적 협력을 강조하였다. 남한이 '先 신뢰구축 → 後 군비감축'에 대하여 지나치게 고집하지 말고 경제협력을 통하여 신뢰를 회복하고 군비감축을 추진해나갈 것을 주장하면서 군비감축을 통한 신뢰구축의 필요성을 제시하였다.[45] 남한에서 우선 요구하는 신뢰구축과 북한에서 주장하는 군비의 감축이 단계적으로 반드시 지켜야 하는 선이 아니라 동시에 이루어질 수 있고 또한 상호보완적으로 이루어질 수 있다는 것이다. 한반도의 상황 특히, 북한의 정치적 성향을 고려할 때 막연한 신뢰회복의 한계를 직시하고 정치적 결단을 통해서 신뢰회복과 군비감축이 이루어질 수 있음을 제시하고 있다.

앞에서 각 연구자들이 제시한 포괄적 접근전략 연구내용에 대하여 정리하면 〈표 2-2〉와 같으며 병행적 접근전략과 상호 보완적 접근전략으로 구분하였다. 병행적 접근전략은 단계별 접근전략의 형태를 유지하면서 정치 및 군사적 문제를 병행하면서 추진하는 특성을 지니며, 상호보완적 접근전략은 단계별 접근전략에 대한 문제점을 직시하면서 각 단계를 동시에 접근하거나 국제 군비통제와 연계 또는 경제와 연계하여 포괄하는 전략을 활용하고 있다. 2개의 포괄적 접근전략은 비교적 신현실주의에 가까이 접근하여 추진하고 있으나 협상에 의한 신뢰구축을 중요시하는 자유주의를 크게 벗어나지 못하고 있다.

45 함택영, 앞의 책, pp.29-30.

<표 2-2> 포괄적 접근전략의 주요특성

구 분	접근전략	특 성	비 고
병행 접근 전략	• 단계 군비감축을 포함하는 전략 • 평화구축기 → 평화공존기 → 통합추진기	• 정치 · 군사적 신뢰 구축과 운용 및 구조적 군비통제 • 각각의 분과위원회를 통한 포괄 협상 추진	단계적 접근전략과 유사
	• 단계별 군사 · 비군사 문제를 포괄하는 전략 • 평화지향기 → 평화이행기 → 평화제도화기	정치 · 경제적 비군사 문제와 군비통제의 군사적 문제를 연계하여 추진	단계적 접근전략과 유사
상호 보완 접근 전략	단계별 접근전략을 통합한 2차원의 다면적 전략	• 남북교류와 신뢰구축, 군비감축을 하나의 공간으로 판단 • 단계적 · 점진적 접근에 의한 1차원의 선형적 방법의 문제점 조치	단계화 접근전략에 대한 대안적 방안
	통합적 · 광역적 접근 전략	한반도 군비통제를 국제 군비통제의 일부로 포함하여 추진	국제적 환경을 고려한 포괄적 접근전략
	정치 · 경제를 통합한 접근 전략	• 정치적 결단과 경제적 협력을 통하여 추진 • 군비감축을 통한 신뢰 구축	남과 북 각각의 접근전략에 얽매이지않는 대안을 제시

제2절 통일비용 이론 및 선행연구 검토

1. 통일비용 개념

통일비용의 용어에서 통일은 통합이라는 용어와 혼용해서 사용하는 경우가 있지만, 추진하는 방식과 결과론적 입장에서 차이가 있다. 통합은 일반적으로 최종목표를 제시하지 않지만, 통일은 종착지를 미리 결정한다. 통합은 비용의 측면에서 추구하는 이익과 연계되며 통일은 정책적 측면에서 의사결정의 단일화를 추구하는 데서 차이가 있다.[46] 통합은 정치 및 경제 또는 이념적으로 유사한 국가들에 의해 추진하며, 유럽의 통합이 대표적인 예이다. 통일은 정치 및 경제 또는 이념이 상이한 국가들에 의해 추진되고, 독일과 베트남, 예멘 등이 대표적인 국가이며, 한반도에서도 통일의 개념을 적용하는 것이 타당할 것이다.

통일비용은 분단비용과 통일편익을 연계하여 설명할 수 있다. 통일비용이 통일에 소요되거나 발생되는 비용이라면 분단비용은 분단으로 인해 발생되는 비용이고, 통일편익은 통일로 발생되거나 지속적으로 얻게되는 이익이라고 할 수 있다. 분단비용은 분단의 원인으로 발생되는 명시적 비용으로서 국가가 통일되어 있다면 획득할 수 있는 비용을 분단으로 인하여 획득할 수 없거나 추가적으로 발생되는 비용을 말한다. 분단비용은 통일이 되지 못함으로써 얻을 수 없는 비용이라는 측면에서 통일이 되면 발생하는 이익의 통일편익과 상반된 개념으로 볼 수 있다.[47]

---

46 김규륜 외, "통일비용 · 편익 연구의 새로운 접근: 포괄적 연구요소의 도입과 대안의 모색", 『통일연구원』 통일비용 · 편익 종합연구 11-01, (2011), pp.321-322.

47 조동호, "통일비용보다 더 큰 통일편익", 『통일부 통일교육원』 (2011), pp.65-69;

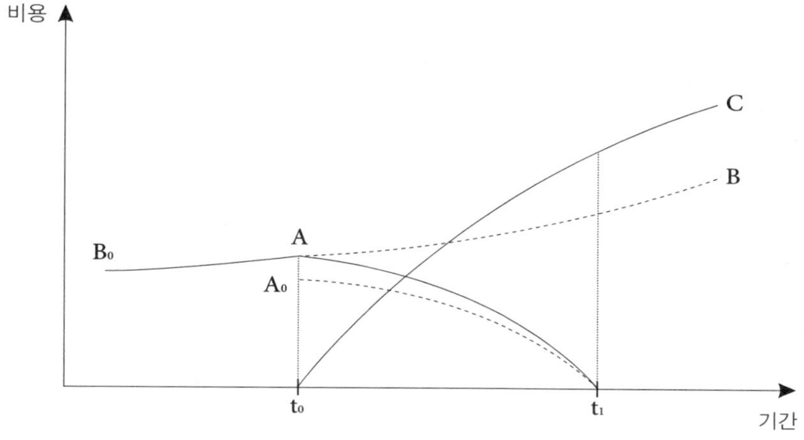

<그림 2-1> 통일비용, 분단비용, 통일편익 비교

〈그림 2-1〉은 통일비용과 분단비용 및 통일편익을 비교한 것이다. B0-B 곡선은 통일시점 t0 이전부터 발생하여 통일이 지속되면 계속해서 발생되는 비용이며 통일시점부터는 소멸되는 비용이다. t0-C 곡선은 통일 이전에 발생하지 않은 이익이 통일 이후 발생되어 점차 증가되는 통일편익이다. 통일편익의 C 지점은 B지점보다 낮을 수도 있으나 정부 및 민간의 투자로 인해 지속적으로 증가된다고 가정할 때 장기적으로 분단비용보다 높을 것으로 판단된다. A-t1은 통일시점 t0부터 발생하여 t1이 되면 소멸되는 통일비용이다. A0-t1은 A-A0 만큼 통일비용의 절약 및 축적을 통하여 통일비용이 줄어드는 것을 표시한 것이다. 이 책은 통일 이전 군비감축으로 발생하는 비용이 통일비용에 미치는 영향을 설명하므로 통일 이후 발생되는 통일편익은 연구대상에서 제외하고 통일비용의 개념으로 한정한다. 군비감축에 따른 비용을 산출하고 이 비용이 통일비용에 미치는 영향을 분석하기 위해 통일비용은 경제적 비용 위주로 연구하기로 한다.

문두식, "한반도 통일비용과 조달방안",『원광 군사논단』(2006), pp.47-48.

통일비용의 개념에 대해서는 개념상 큰 차이가 나지 않으나 통일의 시기 또는 경제적 비용의 포함여부에 따라 학자별 다소의 차이가 있다. 초기 통일비용의 개념은 독일의 통일과정을 연구하면서 시작되었다. 독일 통일과정에서 통일비용은, 통일 후 일정 기간 동독의 1인당 국민소득이 서독의 1인당 국민소득에 근접하는데 지출해야 하는 소요비용으로 판단하였다.[48] 김창권은 통일 후 일정 기간 동독이 서독 수준으로 오르는데 지출하는 재정 이전지출액으로 정의하고 있다.[49] 이후 통일비용은 협의의 개념과 광의의 개념으로 발전되었다. 양용석은 협의의 개념은 순수한 정부 부담 부문인 재정지출로 한정하고, 광의의 개념은 분리된 2개의 체제가 통합한 후 1개 체제가 다른 체제를 적정수준으로 끌어올리는데 소요되는 비용 즉, 경제와 생활수준이 같아지기 위해 투자해야 할 비용이라고 하였다.[50] 이승현 · 김갑식은 협의의 개념을 통일 이후 지역별로 발생하는 소득의 격차를 해소하는데 필요한 회계적 비용(accounting costs)으로 한정하였으며, 광의의 개념은 협의의 개념에 추가하여 통일 이전의 분단비용과 통일 이후 경제개발에 소요되는 기회비용을 포함한 경제적 비용(economic costs)이라고 정의하였다.[51]

조동호는 통일비용을 통일로 인해 일반적으로 부담해야 할 비용으로 정의하였으며, 통일되지 않았을 때 부담하지 않아도 될 비용을 기회비용으로 보고 통일비용에 기회비용이 포함되는 것으로 판단하였다.[52] 통일비용은 공간적 측면에서 남한지역에서 소요되는 비용과 북한지역에서

48 신동천 외 "경제협력과 통일비용", 『삼성경제연구소』 (1998), pp.54-55; 양운철, "통일비용의 추계와 재원조달방안", 『세종정책연구』 (2006), p.47.

49 김창권, "독일통일비용 15년 평가와 시사점", 『통일경제』 겨울호, 현대경제연구원(2005), p.67.

50 양용석, "기존 추정분석사례의 고찰을 통한 적정 통일비용 산정방안에 관한 연구", 『군사논단』 제58호, (2009), p.117.

51 이승현 · 김갑식, "한반도 통일비용의 쟁점과 과제", 『NARS 현안보고서』 제105호, 국회입법조사처, 2010, p.10; 김창권, "독일 통일비용 15년 평가와 시사점", p.67.

52 조동호, 앞의 책, pp.7-8.

<표 2-3> 지출 주체 및 목적에 따른 분류

구분		지출 주체(총투자수요)	
		정 부	민 간
지출 목적	투자지출	정부투자(A) • 사회간접자본 조성(철도, 도로, 에너지, 통신 등) • 지방자치단체의 유지, 교육행정 비용 등	민간투자(C) • 생산시설 투자 등
	경상지출 (비투자지출)	정부 경상지출(B) • 사회보장지출(실업, 의료, 연금 보험 등) • 제도 통합비용(지방자치단체의 유지, 교육행정 비용 등	민간 경상지출(D) • 북한지역 주민에 대한 민간 지원 등

출처: 김규륜 외, "통일비용 · 편익 연구의 새로운 접근: 포괄적 연구요소의 도입과 대안의 모색", p.18; 김유찬, "통일비용 및 재원조달 방안에 관한 연구", 『국회예산정책처』 연구용역보고서, (2010), pp.48-49. 자료를 참고하여 재작성.

소요되는 비용으로 구분하고 부담의 주체를 남한으로 한정할 수밖에 없음을 가정하였다.[53] 남한과 북한의 경제력 수준을 고려하면 북한지역은 부담능력이 거의 없다고 보고 남한만의 비용으로 판단하는 것이 타당할 것이나 비용이 소요되는 부분에서는 북한지역에서 발생이 많을 수 있음을 고려하여 남한의 비용을 산출해야 할 것이다.

비용의 지출 측면에서도 협의의 개념과 광의의 개념으로 구분할 수 있다.[54] 지출 주체는 정부 투자지출과 민간투자 지출로 나뉘며, 지출목적은 투자지출과 경상지출로 구분한다. 협의의 개념으로는 정부투자와 정부 경상지출을 포함하는 정부지출(A+B)과 정부투자와 민간투자를 포함하는 투자지출(A+C)의 부분을 의미하며, 광의의 개념으로는 정부투자와

53 조동호, 앞의 책, pp.32-37.

54 홍순직 · 최성근, "남부통일, 편익이 비용보다 크다: 통일비용 및 통일편익의 추정과 시사점", 『경제주평』 현대경제연구원, (2010), p.2.

민간투자 그리고 정부 경상지출과 민간 경상지출 모두를 포함하는 총비용을 의미한다. 협의의 개념에 포함되는 정부지출(A+B)의 정부투자 및 경상지출의 경우는 통일로 발생 및 소요되는 조세의 측면이며 수익을 전제로 하는 민간의 투자 및 지출은 제외된다. 한편 투자지출(A+C)에 포함되는 정부 및 민간투자는 북한의 각종 인프라 구축과 산업시설 등의 경제 재건비용을 주 대상으로 한다. 통상적인 통일비용을 고려할 때는 총비용보다는 협의의 비용을 의미하며 협의의 비용 중 정부 부분인 정부지출(A+B)의 비용을 의미한다.[55]

통일비용의 개념은 국민소득 도달수준에 따른 비용의 포함범위, 비용 발생 지역의 범위, 비용의 지출 측면 그밖에 통일의 완성시점 등에 따라 구분하고 있다. 국민소득의 수준 면에서는 50%로부터 80% 수준 그리고 대등한 수준에 따라 비용은 달라진다. 비용 발생지역 면에서도 북한의 포함 여부에 따라 큰 차이가 난다. 정부와 민간의 지출 범위에 따라서도 학자별 개념설정이 달라지고, 통일비용의 개념과 연계하여 접근하는 방법은 광의에 의한 포괄적 · 거시적 접근보다 협의의 개념인 미시적 · 부분적 접근에 가깝다고 볼 수 있다. 이 책은 군비감축의 영향요소를 고려하여 객관적 자료로 활용할 수 있는 공공부문의 지출에 해당하는 협의의 개념을 적용한다.

2. 통일비용 선행연구 검토

1) 독일의 통일비용

독일의 통일비용은 독일 자체의 대학 및 경제 연구기관에서도 정확

55 김규륜 외, "통일비용 · 편익 연구의 새로운 접근: 포괄적 연구요소의 도입과 대안의 모색", p.18; 김유찬, "통일비용 및 재원조달 방안에 관한 연구", pp.48-49.

하게 예측하지 못했다. 서독의 경제력을 과신하고 동독의 잘못된 경제력을 믿었으며 통일 후 동독지역의 지속적인 높은 성장을 전제로 산정함으로써 정확한 예측을 할 수 없었다. 독일 경제연구소는 정부의 이전지출 금액을 중장기적으로 판단하면서 연간 250억 유로로 추정했지만, 실제 비용에는 많이 부족하였다.[56] 서독 정부의 낙관론적 통일비용 예측의 실패 이유는 집권을 위한 정치적 이유도 있었겠지만, 명시된 내용을 분석하면 구동독지역에 대한 잠재경제력 및 성장 가능성을 확대해석하고 구동독의 주민들에게 독일과 동일한 삶의 질을 유지 시키기 위하여 서독의 재정이 동독으로 과다하게 이전되는 등의 문제가 있었다.

독일의 통일비용을 경제적 비용으로 한정하고 독일 통일비용 소요에 투자된 비용을 동독지역 이전에 소요된 비용으로 판단한 각종 연구결과 및 발표자료에 따르면 20년 동안 1조 5,000억 유로(2,600조원)에서 2.1조 유로(3,600조원) 정도로 판단하고 있다. 독일 통일 과정에서 소요되는 경제적 비용은 독일 전체적으로 건설 및 사회복지에 소요된 동독지역 재건투자비용, 중복투자에 의한 정부의 실패, 수도 이전에 따른 건설 및 행정관리 비용 그리고 통일에 따른 동독의 국가부채 청산 등으로 분석하고 있다.[57] 독일의 통일비용으로 판단된 경제적 비용은 대상을 어느 선까지 하는가에 따라 학자 및 연구기관이 다르게 해석할 수 있는 여지가 있다.

독일의 통일비용에 대한 주요기관의 추정 내역을 살펴보면 〈표 2-4〉와 같다. 통일비용의 개념에 따라 다양하게 상정하여 비용의 범위에도 차이가 크다. 비용분석의 주요내용은 동독의 경제를 서독 수준으로 유지시키는데 소요되는 비용, 통일에 소요되는 직접경비와 동독재건 및 생활수준을 향상시키기 위한 비용 그리고 동독지역의 노동자를 서독지역 노동자의 수준으로 향상시키는데 소요되는 비용 등 판단의 기준에 따라 비

---

56 통일부, “통일비용 분야 관련 정책문서”, 독일통일 총서 10 (2015), p.118.

57 김규륜 외, 앞의 책, pp.345-348; 통일부, 앞의 책, p.127.

<표 2-4> 독일의 통일비용에 대한 주요기관 추계내역

구 분	내 역	금액(억 유로)
독일 연방재무부	• 통일에 필요한 직접경비 • 동독재건 및 생활수준 격차 해소비용 • 동독지역의 서독지역 수준 격상 비용	11,650
독일 경제연구소	• 사회간접 시설 확충, 사회보장 시설 지원	3,500~7,000
Time紙	• 민간투자 부문, 재정부담	4,908~5,410
Wirschaftswoche紙	• 기업 자본력 강화 • 주택 및 공공부문, 환경정화 부문	11,000~14,000
Kiel대학 부설 세계경제연구소	• 기업 및 주택부문, 사회간접자본	13,800
L. Hoffmann	• 공공부문, 민간투자 부문	12,500~15,000
J.P. Morgan	• 동독지역 노동자가 완전고용상태에서 서독지역 노동자와 동일한 자본비율을 보유	7,500

출처: 김유찬, "독일 통일 전후 재정운용의 특징과 시사점", 『국회예산 정책처』(2014), p.11; 통일부, "통일비용 분야 관련 정책문서", 앞의 책, p.23 자료를 참고하여 재작성.

용은 차이가 있다. 정부 및 민간 전문연구기관별 비용의 추계는 차이가 크며 한국의 통일비용을 추정하고 판단함에 있어서도 동일하게 발생할 수 있는 현상으로서 논리적 타당성을 구비하여 산정할 필요성이 있다. 독일 통일비용은 동독 주민의 생활수준을 향상시키기 위한 사회보장성 비용(연금, 노동시장 보조, 육아 보조, 교육 보조) 등 소비적인 분야에 과다하게 지출하고,[58] 인프라 투자 등 생산성 비용에 투자를 축소하는 오류 등이 있으므로 한국에서의 통일비용 산출 시 이를 참고하여 시행착오를 줄일 수 있을 것이다.

58 김영윤 · 유욱, "독일 통일에서의 통일비용과 시사점", 국민대학교 법학연구소 학술 발표대회 논문집, (2010), p.59.

2) 한반도 통일비용

먼저 외국의 연구사례를 살펴보면, 미국의 랜드연구소(Wolf and Akramov)는 2003년 기준으로 통일 이후 북한의 GDP를 4~5년 이내 2배로 증가시키는데 소요되는 비용을 통일비용으로 추계하였다.[59] 통일전 남북한 GDP 수준을 기준으로 한계자본산출계수, 자본투자비용, 북한의 군사비용 절감 등을 조합하여 시뮬레이션을 적용하여 분석하였다. 분석결과는 2003년 미 달러 기준으로 통일 전 남북한의 GDP 수준에 따라 최소 500억 달러에서 최대 6,670억 달러로 추계하였다. 이 비용을 원화(1,100원 기준)로 조정하면 최대 774조 원 정도로 추산된다. Peter Beck은 통일비용을 동서독의 통일시 기준으로 북한 주민들이 남한 주민의 소득수준 80%까지 도달하는데 소요되는 비용으로 추계하였다.[60] 즉, 동독주민이 서독주민의 70%수준으로 도달한 기간이 20년인데 이 기간에 소요된 비용이 2조 달러인 것을 고려하여 북한 주민을 남한의 80%로 향상시키는 비용을 향후 30년간에 걸쳐 최소 2조 달러에서 최고 5조 달러까지 소요될 것으로 분석하였다. 이 비용을 원화(1,100원 기준)로 조정하면 최대 5,500조 원 정도로 추산된다. 2개의 연구내용을 분석하면 랜드연구소는 기간을 한정하여 추정함으로써 기간이 너무 짧고 소요비용의 변동이 가장 큰 통일 직후의 기간으로 판단함으로써 전체 비용을 참고하는 데는 부족하며, 통일 이후 특정 기간까지의 소요비용으로 참고할 수는 있을 것이다. Peter Beck은 기간을 너무 길게 설정함으로써 소요비용을 과다하게 판단하였다. 설정 기준을 독일과 같이 소득수준을 남한의 70%

59 Wolf, C. Jr, and Kamil Akramov, "North Korean Paradoxes, Circumstances, Costs, and Consequences of Korean Unification", National Defence Research Institute", (2005), pp.38-39; 김은영, "통일비용 관련 기존 연구자료," 『KDI 북한경제리뷰』 제12권 제8호 (2010), p.65.; 신동민, "통일비용에 대한 기존연구 검토", 『국회예산정책처』 경제현안분석 제64호, (2011), pp.13-14.

60 Peter M. Beck, "Comtemplating Korean Reunification", The Wall Street Journal, January, 4 (2010); 김은영, "통일비용 관련 기존 연구자료", p.66.; 신동진, "통일비용에 대한 기존연구 검토", 『국회예산정책처』 p.18.

로 가정하고 기간은 20년으로 판단한다면 타 연구와 비교가 용이할 것으로 판단된다.

한국의 사례를 살펴보면, 신창민은 GDP 기준으로 통일비용과 분단비용으로 구분하여 추계하였다.[61] 신창민은 통일비용을 최소화하고 효율적인 방법으로 추계하기 위하여 북한이 남한 소득수준의 1/2에 도달할 때까지 경제적으로 분리하는 방안을 제시하였다. 통일의 시기를 2015년부터 2040년까지로 가정하고 통일비용이 GDP 대비 6.6~6.9%이고 분단 시 비용이 GDP의 6.975%로서 비슷하거나 작다고 주장하면서 통일비용의 타당성을 제시하였다. 통일비용은 2016년부터 2035년까지 20년 동안 30,078억 달러인 반면, 분단비용은 44,891억 달러로 14,813억 달러의 순비용 차이가 발생한다고 하였다. 통일비용을 원화(1,100원 기준)로 조정하면 3,300조 원으로서 김유찬보다 다소 많은 비용이 산출되지만 순 비용의 차이를 고려하면 분석의 의미는 달라질 수 있다. 신창민은 북한이 남한 소득수준 1/2로 도달할 때까지 경제분야에 한하여 남한과 북한을 통합하지 않고 분리하여 관리함으로써 독일과 같은 임금의 과다지급 현상을 방지하려 하였다. 즉, 북한지역의 임금수준을 사무직과 생산직 그리고 공무원을 포함한 모든 종사자들에게 북한에서의 총생산량을 고려하여 지급함으로써 혼란을 방지하였다는 데 의미가 있다.

김유찬은 통일과정을 20년으로 가정하고 10년 동안 비용 발생이 많으나 10년 이후는 점차 줄어들 것으로 판단하였다. 통일비용은 직접경비, 사회보장비용, 재정비용, 사회 인프라 비용으로 구분하면서 통일의 기준연도를 2010년으로 가정하고, 그 이후 발생하는 비용은 불변가격으로 산정하였다.[62] 통일비용은 〈표 2-5〉와 같이 연간 112조 6,085억 원이 소요되며, 20년간 총통일비용은 직접경비를 포함하여 2,257조 1,700

61 신창민, "통일비용 및 통일편익", 국회예산결산특별위원회, (2007), pp.65-76.

62 김유찬, 앞의 책, pp.51-57.

<표 2-5> 20년간 통일비용

구 분	연도별 비용	20년간 비용
계	112조 6,085억 원	2,257조 1,700억 원
직접경비	·	5조 원
기초생활보장비용	37조 8,885억 원	757조 7,700억 원
의료비용	6조 7,200억 원	134조 2,000억 원
정부재정비용	44조 원	880조 원
사회인프라 비용	24조 원	480조 원

억 원으로 산출하였다. 이 비용은 2010년 기준 정부예산 293조 원의 약 38.6%이며 남한 GDP의 7.4% 수준이다. 김유찬은 〈표 2-5〉에서 연도 및 연간 비용을 60%로 낮추어 추계하면 재정의 부담을 줄일 수 있다고 하였다. 김유찬은 통일비용에 대하여 직접경비로부터 생활보장 비용, 정부재정 비용 그리고 사회인프라 비용 등 포괄적이면서 꼭 필요한 부분을 비교적 객관적이고 논리적으로 산출함으로써 향후 통일비용을 산출하는 데 의미가 있을 것으로 판단한다.

현대경제연구원은 통일비용을 통일 이후 북한 주민의 소득수준 향상을 위한 투자비용으로 보고 한계자본산출계수를 적용하여 추계하였다.[63] 한계자본산출계수는 생산량 1단위 산출을 위해 필요한 자본의 상대적인 크기를 나타내는 것으로 북한지역의 경제성장을 위해 소요되는 자본을 목표소득으로 적용하여 추정하였다. 판단의 기준연도는 통일 후 남한의 과거 경제성장과 유사한 1970년대 및 1980년대를 가정하였다. 남한의 1인당 국민소득이 1970년대 1,012달러에서 1987년 3,110달러로 1992년에는 7,007달러로 증가 된 것을 참고하여 적용하였다. 즉, 통일 이후 북한이 과거 남한의 성장 추이를 따른다고 가정하고 북한 주민이 1인당 소

63 현대경제연구원, "남북통일, 편익이 비용보다 크다", 『경제주평』 통권 442호 (2010), pp.5-8.

득 3,000달러에 도달하는데 10년의 소요기간으로 판단하였다. 통일시점에서 북한 주민 1인당 소득을 1,000달러 북한인구를 2,500만 명으로 가정하였다. 한계자본산출계수는 남한의 1970년대와 1980년대의 평균치인 3.14를 적용하였다. 목표소득방식의 계산법을 적용하여 산출한 통일비용은 목표소득 3,000달러 기준으로 1,570억 달러 그리고 목표소득 7,000달러로 가정하고 4,710억 달러를 산출하였다. 이러한 목표소득방식에 의한 통일비용 산출은 북한의 경제 및 사회 충격에 따른 위기 관리비용 등을 고려할 수 없는 단점이 있으나 한계자본산출계수를 적용하여 북한의 경제성장과 비슷한 환경인 남한의 과거 성장 경험을 참고하여 적용함으로써 논리적 정당성을 가질 것으로 판단된다.

국회예산정책처는 사회보장, 행정, 교육, 투자 및 기타 재량지출의 5개 분야로 구분하고 재정지출의 특성에 따라 의무적인 지출과 재량지출을 구분하여 추계하였다.[64] 적용 연도는 2016년부터 45년간이며, 총 부담비용은 1경 428조 원으로서 연평균 232조 원이 된다. 국회예산처에서의 추계는 타 연구와 달리 장기간의 비용을 산출함으로써 통일비용이 많아 보이나 20년간을 기준으로 하면 타 추계내용과 크게 차이 나지는 않는다.

기타 국내 연구사례를 살펴보면 삼성경제연구소는 2015년에 통일이 달성되는 것을 가정하여 북한의 최저생계비 수준으로 추계하였다.[65] 남한의 최저생계비 수준으로 2015년부터 2025년까지 11년간 지원할 경우 총 447조 원이 소요될 것으로 추계하였다. 이영선은 북한의 1인당 GDP가 남한의 60%에 도달하는데 소요기간을 10년으로 가정하고 추계하였다. 10년간 소요되는 비용을 5,614억 달러(원화 618조 원)이 소요되는 것으로 판단하였다.[66] 삼성경제연구소는 북한주민의 최저생계비인 기초

---

64 국회예산정책처, "한반도 통일의 경제적 효과", 『경제분석실 경제정책분석과』 (2014), pp.81-132.

65 삼성경제연구소, "매력있는 한국: 2015년 10대 선진국 진입전략", (2005), pp.241-245.

66 이영선, "한반도 통일비용과 그 조달방법", 『한반도 통일랜드북(Ⅳ)』 한국경제연구원,

생활비용으로 추정함으로써 소요비용을 지나치게 적게 판단하였으며, 1970년대의 한국경제 고속성장을 기준으로 설정함으로써 평균성장률을 너무 높게 선정하였다. 삼성경제연구소와 이영선의 통일비용 소요기간을 10년으로 한정하여 판단하였는데 독일의 통일비용 기간을 고려할 때 기간이 짧아 소요비용이 너무 낮게 판단되는 결과를 가져왔다.

<표 2-6> 한국의 통일비용에 대한 주요연구결과 추계내역

구 분		내 역	기준 연도	금액(조원)
국외 연구	Wolf and Akramov	• 북한의 GDP를 4~5년간 2배로 증가시키는 비용	2003	774
	Peter Back	• 북한 주민들이 남한 주민의 소득수준 80%까지 도달하는 비용	미제시	5,500
국내 연구	신창민	• 북한의 소득수준을 남한의 1/2 수준으로 향상시키는 비용	2015	3,300
	김유찬	• 직접경비, 기초생활보장비용, 의료비용 • 정부재정비용, 사회 인프라 비용 • 20년간 비용 총계	2010	2,257
	삼성경제연구소	• 북한의 주민을 11년간 남한의 최저생계비 수준으로 향상시키는 비용	2015	447
	이영선	• 북한의 소득수준을 남한의 60%로 가정하고 10년간 소요되는 비용	미제시	618
	현대경제연구원	• 북한의 1인당 국민소득을 1,000달러,목표소득을 3,000달러 및 7,000달러로 가정하고 소요되는 비용	1970년대, 1980년대	173, 518
	국회예산정책처	• 사회보장비용, 행정 및 교육비용, 투자비용, 기타 재량지출 비용 등 45년 간 비용 포괄	2016년	1경 428조 (20년 기준 4,692조)

(2003), pp.1033-1062.

한반도의 통일비용 추계에 대한 최근의 연구결과를 중심으로 〈표 2-6〉과 같이 정리하였다. 추계 내역에서 소요기간 20년과 GDP 기준으로 남한의 최소 50% 이상을 대상으로 추계한 결과 최소 447조 원 최대 5,500조 원에 이르며 7배의 차이가 발생한다. 이와 같은 차이를 단순하게 비교하기에는 한계가 있으므로 논리적이고 공감대 있는 추계가 필요하다.

국외 및 국내 연구원들의 연구결과 추정비용이 차이가 나는 것은 통일비용의 개념과 통일비용에 포함하는 요소들의 차이에서 오며, 대부분 정부지출을 포함하나 일부 연구자는 민간투자를 포함하기 때문이다. 통일비용이 차이가 나는 또 다른 원인은 통일의 방식과 시기에 따라 달라지기도 하고 통일비용을 추계하는 정부의 정책 및 추계하는 방식에 따라서도 차이가 발생할 수 있다.

제3절 연구문제 및 분석의 틀

이 책을 전개하기 위한 분석의 틀은 서론에서 제시한 연구문제의 질문을 분석하는 방법으로 구성한다. 연구문제에 대한 질문은 첫째, 남한과 북한의 군비감축 정책이 추진되지 못하는 환경과 군비감축을 위한 접근방법은 무엇인가? 둘째, 통일비용 산출에 영향을 미치는 환경과 통일비용 추정을 위한 적정 방법은 무엇인가? 셋째, 군비감축 절약비용과 통일비용은 어떻게 산출하며, 어떠한 영향을 미치는가? 하는 3개 항목이다. 분석의 틀은 위 3개 항목의 질문을 분석하고 설명하는 방법으로 구성한다. 즉, 첫 번째 질문에서 군비감축에 관련된 환경과 접근방법을 설명하고, 두 번째 질문에서 통일비용의 추진환경과 추정방법을 도출하며, 세 번째 질문에서 군비감축이 통일비용에 미치는 영향을 설명하는 형식으로 전개한다.

남한과 북한은 독일과 베트남, 예멘 등의 나라와는 많은 차이가 있다. 국제적 환경과 동아시아의 환경에서 초강국 들의 패권경쟁 한가운데 있으며 일본과 러시아의 영향권에 속해 있다. 지정학적 위치뿐만 아니라 이념적 차이와 민족적 갈등이 내재 되어있는 복합적 구조를 취하고 있다. 게다가 북한은 세계에서 보기 드문 정치적으로 예측할 수 없는 독특한 독재자가 지배하고 있으며 외부 세계와 단절된 폐쇄적 국가이다. 남과 북은 6.25 전쟁으로 감정의 골이 깊어 상호 불신으로 대화의 연결이 빈번하게 단절되고 있다. 군비감축이 유럽과 같은 형태로 진행되기는 쉽지 않을 것이다.

남한과 북한이 신뢰를 구축하고 군비를 감축하기에는 수십년 간의 실패가 증명하듯 이제는 방법을 바꿀 필요가 있다. 수세적 형식적 접근방법에서 공세적 전략적으로 접근할 필요가 있다. 남한과 북한의 단독적인 협상에 의한 한계를 극복하기 위해 2개의 패권국과 한반도를 둘러싼 동북아 주변국의 협조를 구해야 한다. 국제적 관계의 거시적 틀과 동아시아의 체계 속에서 미국과의 동맹을 기초로 주변 4강의 협조 속에서 군비감축이 이루어질 수 있는 환경을 만드는 것이 필요하다. 주변 4강의 압력과 더불어 북한의 경제적 한계를 극복할 수 있는 탈출구를 열어놓음으로써 군비감축의 장으로 북한이 발을 들여놓을 수 있도록 환경을 조성하는 것이 필요하다.

이러한 성공적인 군비감축을 통해서 상호 위협을 제거하고, 안보가 보장된 상태에서 군비를 감축하면 향후 소요되는 천문학적 통일비용의 재원조달에 기여할 수 있을 것이다. 통일비용은 독일의 사례와 같이 소요되는 비용을 예측하기 힘들고, 한반도의 상황은 더욱 복잡하고 어려울 수 있다. 통일비용 재원조달은 세계 각국의 기금과 지원을 협조할 수 있겠지만, 이 책에서는 군사적으로 한정된 범위에서 군사력의 병력과 부대수 절약비용을 도출하여 조력하고자 한다. 이렇게 도출된 군비감축의 비용은 미량이겠지만, 이러한 방법으로 확대되었을 때를 고려하면 통일비용 조달의 영향과 파급효과가 적지 않다고 전망할 수 있을 것이다.

독립변수인 군비감축과 종속변수인 통일비용의 도출 과정을 David Easton의 투입 · 산출모형을 참고하여 〈그림 2-2〉와 같이 분석의 틀로 구성하였다.[67] 국제정치 환경을 통한 군비감축 접근방법 및 통일비용 추정방법을 도출하고, 도출된 접근방법을 통하여 군비감축 및 통일비용을 도출하는 프레임(군비감축 → 통일비용 절약)으로 국제사회의 관계

67 이스턴은 정치체계의 개념적 틀로 '투입-산출 모델을' 제시하였으며 크게 환경, 투입, 산출의 3가지 핵심적 요소로 구분하였다. 환경은 정치체계 및 사회 내적 · 외적 환경을 말하며, 투입은 환경 내 · 외부의 요구 및 지지로 나타난다. 산출은 환경 및 투입에 의한 정책 결정의 산물을 뜻한다. 투입-산출 모델은 정치현상을 정치체계 구성요소들 간의 관계 혹은 구성요소와 환경의 관계를 통해 정치현상을 분석한다. 필자는 논문의 전체적인 틀을 투입-산출 모델의 '사회중심적접근'방법을 적용하였다. David Easton, "A Framework for Political Analysis", Englewood Cliffs, NJ: Prentice-Hall. 1965, p.50.

속에서 한반도의 군비감축과 통일비용의 절약을 경제적 논리로 설명하고자 한다.

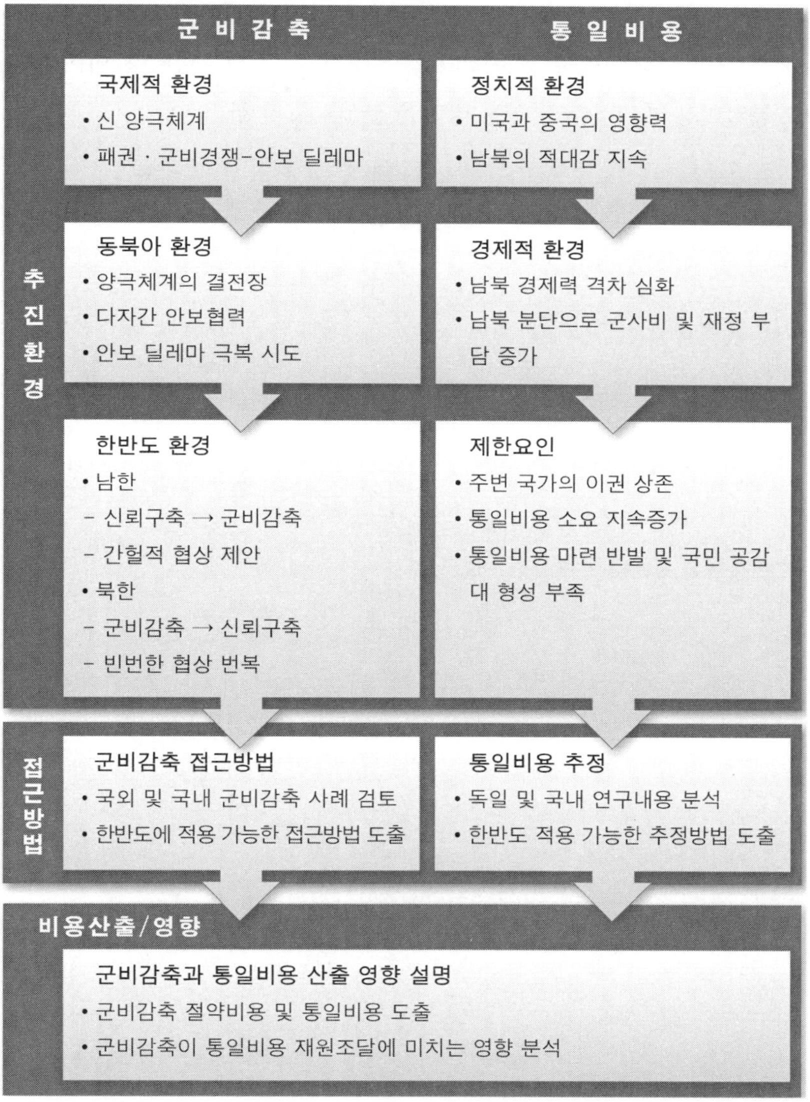

<그림 2-2> 분석의 틀

군비감축은 기존의 감축형태인 국가생산 금지, 보유상한제 및 보유무기 폐기 등의 직접적인 방법의 접근보다 자발적 감축과 동맹국 전력의 도움을 받을 수 있는 다자간 협력의 형태로 추진할 수 있다. 통일비용은 독일에서 행해진 지방재정 투입의 방법과 한국의 다양한 접근을 검토하며, 국민의 부담을 줄이고 공감대를 형성할 수 있는 예산절감의 방법으로 통일비용 재원을 조달하는 방안을 분석하고자 한다.

제3장

군비감축 추진환경 및 접근방법

군비경쟁은 전 세계 국가들 대부분이 냉전과 긴장 완화 시대를 막론하고 국제환경과 상관없이 지속되어 왔다. 최근 국제상황은 냉전의 시기에서 탈냉전의 시기로 변화 후 다시 신냉전의 상황으로 전개되고 있다. 2018년 세계 군사비의 지출은 미화로 1조 8,220달러를 기록하였으며, 군사비를 가장 많이 지출한 국가는 패권을 추구하는 미국과 중국, 뒤를 이어 사우디아라비아, 인도, 프랑스 순이다.[68] 2018년 전 세계 군사비 지출 금액은 냉전 이후 최고 수준이며, 무기 생산 면에서도 최고치를 지속하여 갱신하고 있다. 이와 같은 군사비 증강에 의한 군비경쟁 와중에도 군비통제 관련 논의와 회담은 이루어지고 있다. 제네바군축회의(CD)는 2017년에 핵확산금지조약과 특정재래식무기금지협약(CCW Convention) 등 대량살상무기로부터 지뢰 생산 및 확산금지 등 비인도적 소규모 인명살상 무기에 이르기까지 다양한 군비감축에 대한 논의를 지속하고 있다.[69] UN은 2018년에 2020년 NPT(Non-Proliferation Treaty) 검토회의 준비위원회의 두 번째 세션을 열면서 새로운 군축계획을 발표하였으며, 2019년 중동에서 대량살상 없는 무기 제작에 대한 회의 소집을 요구하는 결의안을 채택하였다.[70] 2020년 6월에 미국과 러시아는 2021년 종료되는 전략무기감축협정(New START)을 연장하기 위하여 협의에 들어가기도 하였다.

과거부터 오늘날까지 세계 각국은 국가이익 즉, 자국의 이익을 위하여 군사 및 경제우위를 통해서 상대 국에게 권력을 휘두르고 있다. 지난 500년간 패권국과 신흥세력 간의 경쟁에서 전쟁으로 확대된 근본적인 원인은 정치 지도자들의 이해관계에 의해 발생하였다.[71] 최근 미국의 트

---

68 국방부, 『2018 국방백서』 (서울: 국방부, 2019), pp.242-243.

69 SIPRI, "2018 SIPRI YEARBOOK", 『한국어 요약본』 (2019), pp.6-15.

70 SIPRI, 앞의 책, p.7.

71 Graham Allison, "Destined for War: Can America and China Escape Thucydides's Trap", 『예정된 전쟁』 정혜윤 옮김 (2018), p.79.

럼프는 재집권을 위해 북한의 도발을 미화하고 미국 내에서 국민의 경제적 이득이라는 명목하에 중국과 무역전쟁을 일으키고 있다. 중국은 시진핑의 장기집권 의도 아래 아시아에서 유럽을 잇는 일대일로를 주창하여 국내의 민심을 외부로 돌리고 있다. 이러한 활동은 궁극적으로 정치적 야망에 의한 국가이익의 포장으로 국내의 불만을 외부로 돌리려는 것이다. 세계적 시각 또는 국내적 시각에서 정권 확보 및 장기집권을 프레임으로 주장하면 세계적 충돌과 국내 민심의 반발이 거세질 것이나 국가이익을 위한 행동으로 포장하면 국내적 호응을 받게 된다. 군비감축도 이러한 정치적 의도와 외부적 활동에 대하여 이해하고 적용함으로써 국가이익의 관점에서 한반도에서 추진하고자 하는 군비감축을 연계하여 적용할 수 있을 것이다.

한반도의 군비감축 및 통일비용은 남과 북의 지역적 한계를 초월하여 국제적 환경에서 동북아에 이르기까지 주변 국가들로부터 많은 영향을 받는다. 한반도의 분단은 당시 패권 국가인 미국과 소련의 양극체제에 의하여 발생한 현상이라고 볼 수 있다. 그러한 측면에서 현재의 패권국인 미국과 신 패권국을 꿈꾸는 중국에 영향을 받을 수 있고, 한반도에 직간접적으로 영향을 주는 일본과 러시아의 영향력도 고려되어야 한다. 따라서 군비감축 및 통일비용 관련 정책은 국제적인 추진환경과 주변국의 영향을 판단하고 추진해야 할 것이다. 국제환경은 각국의 이익 여부따라 추진의 방향에 많은 영향을 끼치게 된다. 따라서 이번 장에서는 군비감축에 영향을 줄 수 있는 국제환경과 동북아 주변국의 영향 그리고 남북한과 연계된 제한사항과 가능한 접근방법을 연구하고자 한다.

제1절 군비감축에 영향을 미치는 환경

1. 국제적 환경

군비감축의 추진은 국제환경 및 주변국과 연계되어 있으며, 국가의 안전보장에 큰 영향을 받는다. 국가안보는 과거 군사 분야에서 정치와 경제 그리고 문화적 측면과 영토 · 자원 · 종교 · 인종의 측면 그리고 최근에는 전염병으로부터 국민 보호를 위한 방역안보까지 광범위하게 해석하고 있다. 최근의 국가안보는 영토보존과 국민의 안위를 넘어 국가의 이익을 얻기 위한 안보로 확대되고 있다. 중국의 시진핑은 국익을 얻기 위해 주권과 영토의 안정을 강조하면서 국가의 핵심적 이익을 위해서는 양보가 없고 협력도 초월할 수 있다고 하였다.[72] 남한은 중국에 많은 영향을 받는다. 세계 2위의 군사력과 경제력을 보유한 중국이 사실상 북한을 뒤에서 지원하고 조종 통제하고 있기 때문에 북한을 대할 때 중국을 염두에 두어야 하며, 인접해 있는 러시아와 일본을 고려하지 않을 수 없다.

이처럼 정치 · 군사 · 경제적으로 영향력이 막강한 대상과 마주한 남한은 단독으로 강대국들과 접촉하고 대화하기는 쉽지 않다. 손자병법에 멀리 있는 국가를 우군으로 두고 가까이 있는 적을 견제해야 한다고 하였다. 남한의 상황에서는 멀리 있는 우방인 미국을 적극적으로 활용할 필요가 있다. 미국은 중국과 러시아를 견제하고 일본을 통제할 수 있는 능력이 있다. 따라서 남한은 단독적인 외교정치보다 미국을 활용하고,

72 이장원, "현대 중국외교론", 충북대학교 출판부, (2017), p.18.

주변 국에게 손해를 끼치지 않는 차원의 활동을 추진해야 한다. 모든 국가는 국익을 밑바탕에 깔고서 대외 관계를 형성하기 때문에 남한은 현실적인 입장에서 관련 국에게 줄 수 있는 이익이 무엇인지 손실이 무엇인지를 판단하고, 이들 국가와 이해득실을 따져서 안보협력과 군비감축을 추진해야 할 것이다.

김강녕은 국제 정치구조 형태를 판단할 때 세계질서가 다원화되고, 국가별로 화해 및 협력이 이루어지며, 세계가 점차 상호의존적으로 변하고 지역주의가 대두되는 한편 정치의 민주화와 시장경제로의 지향 및 비중이 증가하고 있다고 주장한다.[73] 대부분의 국가들은 자국의 국익을 우선하여 판단하고, 국익이 배제되지 않는 상태에서 세계의 질서에 동참하고 관련 국가들과 협력하며, 주변국가들은 자국의 이익에 보탬이 되는 차원에서 활용한다. 국가의 위정자는 자국의 이익과 생존을 위하여 주변의 국가들과 협력하고 나아가 협력체계를 구축한다. 냉전이 종식될 시기부터 소련을 비롯한 유럽 및 아시아 공산국가에서도 국가의 생존과 국민 삶의 질을 향상시키기 위해 시장경제를 도입하고 정치적 문호를 개방하고 있다. 남한도 국가이익과 국가의 생존 그리고 안정된 안보 보장을 위하여 미국과 동맹을 확고하게 하고 주변국과 정치 · 경제적 관계를 개선할 필요성이 있다.

독일은 급작스러운 냉전의 종식과 내부 통일의 열망으로 군비감축의 과정 없이 통일이 되었다. 과거 적대적 원수 관계였던 프랑스와도 긴밀한 협조 관계를 발전시켰으며, NATO 등 유럽의 여러 국가와 훈련을 함께하고 인사교류를 활성화함으로써 독일군이 국제사회에서 더는 위협적인 군이 아니라는 것을 인식시켰다. 국제적인 신뢰를 쌓기 위해 CSCE를 통하여 긴장을 완화하고, 정치 및 군사적 신뢰구축을 위하여 헬싱키 최종의정서를 체결하는 데 참여하며, 군사훈련 전 사전통보 등으로 실질

73 김강녕, 『남북한 관계와 군비통제』 (서울: 신지서원, 2008), p.392.

적인 행동을 보였다.[74] 독일은 통일 전 군비감축의 과정을 거치지 않았지만, 소련 및 주변국에 위협을 해소 시키기 위하여 병력감축 등 군사력 감축에 많은 노력을 하였다. 통일 후에는 동 · 서독 66만의 병력에서 37만의 병력으로 감축하였고, 전차와 장갑차, 전투기 및 포병화력 등의 주요 무기를 포함한 군사장비도 점차 축소 시켰다.[75]

한반도에서 남한과 북한 당국 간 군비감축은 제대로 수행되지 못하고 있으며, 앞으로도 여러 가지 이유로 제한될 것이다. 군비감축과 관련된 문제를 해소하기 위해 세계적 흐름에 편승하여 활동할 필요성이 있다. 오늘날 세계 각국은 국익을 위하여 이념보다 경제에 중점을 두고 추진하며 경제적 이익 달성을 위하여 군비의 증강보다 경제능력의 확대에 관심이 가중되고 있고, 군비감축에 대한 노력도 지속하고 있다. 세계의 대표적인 군축기구는 UN의 군축회의(CD: Conference on Disarmament)로서 1959년 유엔총회(UNGA)에서 창설을 의결하였다. 군축회의는 북대서양조약기구(NATO) 5개국과 바르샤바조약기구(WTO) 5개국으로 편성된 군축위원회(TNCD)로 출발하여 1969과 1999년에 회원국을 추가하여 40개국이 편성되어 있다. 이 위원회에서는 생물무기금지협약(BTWC)과 핵확산금지조약(NPT) 등 여러 가지 협약 및 조약을 추진하였다.[76] 그 외 기구인 유엔군축위원회(UNDC: United Nations Disarmament)는 UN의 내부 심의기관으로서 유엔총회의 보조 역할을 수행하며 군비통제와 군축 관련 문제도 다루고 있다. 유엔의 군축특별총회(SSOD: Special Sessions on Disarmament)는 군비통제 및 군축에 관련된 문제를 전적으로 다루기 위해 소집되는 유엔총회 특별회의로서 군축회의(CD)의 창설과 유엔군

---

74 박영한, "남북 군사통합시 독일모델 적용 가능성 연구", 『한국전략문제연구소』 2-98, (2004), pp.32-34.

75 통일부, 『군사분야 통합 관련 정책문서』 독일 통일총서1, (서울:통일부), (2013). pp.37-38. 김영윤, 앞의 책, p.64.

76 Steve Tulliu · Thomas Schmalberger, 앞의 책, pp.252-253.

축위원회(UNDC)의 재가동 등의 업무를 수행 한다.[77]

UN 밖에서도 국제협약과 국제기구 등 다양한 조직에서 군비감축 관련 업무를 추진하는 기구가 있다. 대량살상무기와 관련된 '미사일기술통제체계'(MTCR)와 재래식 살상무기와 관련된 '특정재래식무기금지협약'(CCW)과 '국제지뢰금지운동'(ICBL) 등이 있다. 이러한 조약과 협의 등의 체계는 국제적 차원에서 군비감축이 이루어질 수 있는 기초가 되며, 나아가 다자간 안보의 틀을 구축할 수 있는 계기를 마련할 수 있다. UN의 군축회의와 국제적인 다양한 기구는 군비감축 추진을 위한 유용한 도구가 될 수 있으며, 한반도에서 군비감축과 관련 논의할 수 있는 연결 통로가 될 수 있다. 이러한 협의 체계와 주변국의 협력을 통해서 유럽의 OSCE와도 협력할 수 있다. OSCE 내부에 상설된 안보협력포럼 협의체는 2018년에 '투명한 군사정보 대한 중요성', '군사적 신뢰조치 및 군비통제', '소형무기의 불능화', 등 신뢰구축과 관련된 논의를 하기도 하였다.[78]

2. 동북아 환경

한반도 주변의 동북아 지역은 정치 · 군사적 갈등과 경제적 이익이 맞물려 복잡한 상황으로 얽혀있다. 동중국해와 남중국해 주변에서의 무역 수송로와 연계된 경제수역 문제, 도서 영유권 문제, 민족 간 갈등, 북핵 문제 등이 복합적으로 얽혀있고, 중국과 미국의 대립 관계가 첨예하게 맞서고 있다. 남중국해는 전 세계 해양물류의 25%, 원유수송량의 70%, 중국 에너지 자원의 80%가 지나가는 경제안보의 요충지로서 베트

77 Steve Tulliu · Thomas Schmalberger, 앞의 책, pp.254-255.

78 신동민, "OSCE의 군사적 신뢰구축조치(CSBM) 검토", 『통합유럽연구』 제9권 2집, (2018), pp.218-219.

남 등 6개국과 도서 영유권 및 해양 관할권을 두고 분쟁이 발생하는 지역이다.[79] 동중국해는 조어도(釣魚島) 문제와 천연가스 문제로 중국과 일본이 분쟁을 일으키며, 대만과의 양안 문제, 한국과 일본 및 중국의 방공식별구역의 중첩문제 등 다양한 분쟁요소가 내재하고 있다. 남중국해와 동중국해는 중국의 핵심이익으로서 영토 주권을 주장하고, 미국은 항행의 자유를 주장하며 주변국과 협력을 통하여 이를 저지하려 하고 있다. 민족 간 갈등은 과거 중국과 일본의 한반도 침탈, 일본의 중국 침략 등으로 인하여 봉합하기 쉽지 않은 상황이다. 북핵 문제는 북한의 핵을 중심으로 미국과 북한, 북한을 둘러싼 주변국과의 복잡한 이해관계가 충돌하고 있다.

동북아 지역은 중국의 해양 확장과 이를 저지하려는 미국의 군사 및 경제 분야 대립이 심하고 충돌의 우려가 상존하고 있다. 중국은 내륙 및 해양에서 패권경쟁의 우위에 서기 위해 일대일로를 추진하고 있으며, 특히, 해양으로의 진출을 강화하고 있다. A2/AD(반접근 지역거부)[80]와 다층방어전략[81] 구축을 통하여 중국 동남부 아시아 해상에 대한 통제를 강화하고 이를 통해 국익을 추구하고자 한다. 중국은 동중국해와 남중국해 주변의 도서를 중국에 귀속하기 위하여 지속적인 분쟁을 일으키고 있다. 육상과 해상의 일대일로 정책은 중국 대외 진출을 위한 국익 차원의 전략으로 분석된다. 중국의 이러한 패권 활동에 대하여 미국은 자체 군사력은 물론 중국 주변의 국가와 동맹 및 협력을 통하여 거부하고자 하며, 이러한 활동은 항행의 자유작전을 통해 나타나고 있다. 일대일로 전략을 포함한 중국의 해양패권을 확보하기 위한 군사적 활동의 증가는 주

79 이철민, "中 70년 미국이 지배했던 남중국해 장악", 『조선일보』, 2018년 11월 16일 33면.

80 A2/AD(반접근 지역거부)는 1980년대 중국의 인민해방군 사령관인 류화칭 장군이 명명하여 알려지기 시작하였으며, 중국의 해양 방위를 위한 전략이다.

81 다층방어전략은 중국이 해상 방어를 위하여 구축한 일련의 선(도련선: 태평양의 이어진 섬을 사슬처럼 엮은 가상의 선)과 관련되어 있으며, 미국의 접근에 대하여 중국이 태평양에서 중국의 근해까지 구축된 일련의 방어선이다.

변국에 갈등과 위협을 초래하며, 미국을 비롯한 주변 국가 들은 군사동맹과 안보협력을 통하여 중국을 견제하고 있다. 미국은 이 주변의 해역이 전 지구적 공유재로서 모든 국가가 자유롭게 접근하고 활동하는 것이 미국의 국가이익과 연계된다고 하며 중국의 패권 활동으로 빚어지는 군사적 개입에 대응하여 적극적으로 군사력을 투입하고 있다.[82] 2018년 10월 미국 대통령 트럼프는 러시아가 미국과 체결한 중거리핵전력협정(INF: Intermediate-Range Nuclear Force Treaty)을 위반했다고 하면서 INF 파기를 언급하였고, 2019년 8월에는 폼페이오 미 국무장관이 공식적으로 INF 파기를 선언하였다.[83] 미국의 이러한 행보는 러시아의 군사력 증강 이유도 있지만, 근본적으로는 중국의 패권 도전에 대한 대응 차원과 중국과 러시아의 위협에 대한 경고와 동맹국에게 협력을 유도하는 의도가 포함되어 있다. 최근에는 중국경제의 급성장에 따른 위기의식으로 무역전쟁까지 치르고 있다.

러시아는 냉전체제 이후 연방이 무너지고 경제적으로 어렵게 되었지만, 군사력 증강은 지속적으로 추진하고 있으며, 일본 역시 중국의 위협에 대응하기 위한 명목으로 군사력 증강을 확대하고 있다. 중국은 2005년과 2007년 상하이협력기구(SCO: Shanghai Cooperation Organization)를 통하여 러시아와 주변 4개국(카자흐스탄, 키르기스스탄, 타지키스탄, 우즈베키스탄)과 연합훈련을 하고, 2019년 미국의 무역 압박에 대응하기 위하여 러시아 푸틴 대통령과 정상회담을 하는 등 빈번한 교류를 진행하고 있다.

동북아에서는 군사력 증강과 군사협력이 지속적으로 추진되는 한편 1999년 아세안지역안보포럼(ARF)과 같은 안보협력 체제를 구축하

82 김경식, "동아시아 패권경쟁과 해양력", 『군사학총서』 충남대학교 출판문화원, (2018), pp.315-318.

83 Chosun.com, http://news.chosun.com/site/data/html_dir/2019/02/01/2019020102960.html(검색일자: 2019년 8월 3일)

여 국가 차원에서 동북아 지역의 안보협력 활동을 추진하고 있으며, 민간 차원에서도 아시아태평양안보협력이사회(CSCAP) 및 동북아협력대화(NEACD) 등의 체제를 발족시켜 추진하고 있다. 국가 및 민간 차원에서 추진하고 있는 안보협력체제와 연계하여 남북한의 문제에서도 동북아안보협력체와 같은 기구를 두어 주변국과 협력하여 수행할 수 있다.[84] 그러나 ARF는 연 단위로 장관급 이상 고위급이 참석하다 보니 실무적인 논의가 이루어지지 않고 있으며, 회의 실적에 대하여 누적하여 이루어지지 않고 있다.[85] 향후 ARF를 다자간안보협력기구로 활용하기 위해서는 실질적인 추진을 위한 실무진 구성과 협의내용에 대하여 누적적으로 추진할 필요가 있다. 남한은 미국과 중국 그리고 러시아와 일본 등 동북아 강국들의 협력을 끌어내기 위하여 이와 같은 협력기구를 이용하여 군비감축을 추진할 수 있다.

한반도 주변 4개국의 미치는 영향을 살펴보면, 먼저 미국은 한반도에 대한 전략적 목표를 비핵화 및 핵확산 위협 그리고 분쟁의 회피를 통한 지역 평화의 구축이라고 볼 수 있다.[86] 미국의 대 한반도 안보체제는 일본과 한국의 안보동맹체제와 연계되어 있다. 한반도 평화체제는 6자회담 합의서를 통하여 '한반도의 항구적 평화체제에 대한 협상'을 표명하였으며, 부시 대통령이 2006년 하노이 아시아태평양 경제협력체(APEC) 정상회담과 2007년 시드니에서 비핵화를 전제로 한국전쟁의 종전선언 가능성을 최초로 언급하였다. 북핵과 관련하여 미국의 오바마는 강경한 입장을 취하면서 다자간 협력관계를 6자회담을 통하여 추진하였으며,

84 조명현, "동북아 안보협력체의 예상모형과 대응", 『전략논총』 3, (1994), pp.73-81; 이승근, "북한 핵문제와 다자주의적 접근의 유용성", 『국제정치연구』 제13집 1호(2010), pp.39-43.

85 신동민, "유럽안보협력기구(OSCE) 협의 메커니즘 검토-동북아다자안보협력 추진에의 함의", 『통합유럽연구』 제9권 1집, (2018) pp.234-235.

86 The Atlantic Council of the United States, "A Framework for Peace and Security in Korea and Northeast ASIA", (April, 2007), PP. 11-12.

트럼프는 일본과 안보동맹을 통해 협력을 증진하고 있다. 미국 대통령들의 북핵과 남한에 대한 지속적 관심은 동북아에서 군사 전력을 유지하면서 남한을 전략적 기지로서 활용하고 주도권의 지속적 유지를 통해서 중국과 러시아를 견제하며, 일본을 비롯한 아시아 각국과 협력을 추진하고 있다. 2019년 6월 미국 트럼프 행정부는 아시아 정책으로 '인도-태평양 전략 보고서'를 발표하면서 인도와 일본, 호주와 ASEAN 국가들과 협력하여 항행의 자유를 내세우며 일대일로를 활용한 중국의 부상을 견제하고 있다.[87] 그러나 미국은 남한이 원하는 형태로 정책을 추진하지는 않을 것이며, 미국의 국익에 따라서 비핵화가 아닌 핵 동결의 입장 등 다양한 정책으로 전환할 수 있기 때문에 남한은 다양한 대책을 갖추고 군비감축 추진에 임할 필요가 있다. 한편 미국의 국력이 쇠퇴하여 세계경찰 노력을 포기하거나 자국의 이익을 위하여 국익과 상반되면 언제든지 남한을 버릴 수 있다는 것을 염두에 두고 미국에 대해서도 동맹으로서 접근하되 미국의 이익이 무엇인지를 파악하는 것을 놓치지 말아야 할 것이다.[88] 미국은 2017년 국가안보전략(NSS: National Security Strategy)에서 미국 우선주의의 자세로 4대 사활적 이익의 보호를 지향하기도 하였다.[89]

---

87 육군교육사령부, "월간 작전환경분석", 6월호, (2019), p.23.

88 미국이 한반도를 배신한 사례가 여러번 있다. 첫째, 1905년 9월 미국 대통령의 사절단이 대한제국을 방문하며 '조미수호통상조약'을 하면서 뒤로 일본이 한국의 지배를 승인한다는 밀약을 맺음으로써 한일합방을 초래했다. 둘째, 1950년 1월 미 국무장관 애치슨이 '애치슨라인'을 발표하면서 한국을 방위선 밖으로 빼면서 6.25전쟁이 발발했다. 셋째, 1971~1972년 미 국가안보보좌관 키신저는 중국 저우언라이와 가진 회담에서 미국과 중국이 한반도에서 배타적 이익을 공유하기로 합의하면서 미군이 철수할 경우 일본군이 한국에 주둔하는 상황을 거론하기도 하였다. 마지막으로 2019년 미국의 트럼프는 북한의 단거리 미사일 발사 실험에 대하여 자국에 영향이 없다고 하면서 남한의 위협에 대하여 무시하고 김정은과 직접적인 대화를 시도하기도 하였다. 조중식, "미국, 때론 우리를 배신했다" 『조선일보』 2018년 6월 4일, https://blog.naver.com/sungnakil/221291033801(검색일자: 2019년 8월 17일).

89 2017년 미국의 NSS 4대 사활적 이익은 첫째, 본토 및 미국적 생활방식의 보호. 둘째, 미국의 번영증진. 셋째, 힘을 통한 평화유지. 넷째, 미국의 영향력 확대 등 으로서 미국 이익에 우선한 미국 위주의 전략을 추진하고 있다. 송승종, "미국 국가안보전략 분석", 『국가안보전략』 통권 65 VOL 07 2월호, (2019), pp.26-27.

중국은 1980년대 정치 · 경제적 개방 이후 성공적인 성장을 바탕으로 군사 대국화하고 동북아 지역에서의 영향력 및 패권을 확대하고 있다. 중국은 미국에 대하여 아직까지 경제와 군사적으로 열세에 있음을 인지하고, 미국의 갖은 압력과 위협에도 크게 대응하지 않고 우호적인 관계를 유지하려고 하고 있다. 일본에 대해서는 군사적으로 강경하게 대하고 있지만, 경제적인 필요성을 인지하고 있으며, 러시아에 대해서는 정치 · 경제적 협력을 강화하고 있다. 중국의 대한반도 정책의 기본 입장은 미국과 마찬가지로 북핵에 대하여 비핵화와 평화적 체제를 지지하면서 북한에 대한 영향력을 지속하여 추진하려 한다. 북핵에 대하여 국제적 제재에 부분적으로 동참하고 남북한의 현 체제 유지를 선호하면서 북한을 전략적 자산 또는 방호벽으로 인식하고 있다.[90] 평화체제에 대해서는 정전협정 당사자로서 미국과 북한의 단독적인 활동에 대하여 반대하고 영향력을 행사하기를 희망하고 있으며, 북한에 대한 영향력 확대를 위하여 우호적 활동을 지속할 것이다. 중국도 한반도의 평화를 반대하지는 않기 때문에 향후 한반도 통일이 중국의 이익에 도움이 되는 방향으로 정책을 추진하면 군비감축의 측면에서 적극적인 지지를 얻을 수 있을 것이다. 해양으로는 패권정책의 일환으로 배타적 경제수역과 관련하여 2011년 이어도 수역을 자국의 관할이라고 주장하면서 한국의 중국어선에 대한 불법어로행위 단속에 대하여 반발하고 있으며, 2013년 이 지역 주변에 대하여 방공식별구역을 설정하여 지속적으로 침범하고 있다.[91] 한반도의 서해를 중국의 내해로 공식화하면서 미군의 서해상 진입을 거부하고 강력하게 반발하고 있다. 시진핑은 2030~2050의 미래계획을 기초로 경제성장을 지속하여 지능화군대와 우주 · 사이버군으로 확대 등 군사혁신에 박차를 가함으로써 한국의 국방개혁에도 영향을 미칠 것으

90 조한범, "신한반도체제의 개념과 추진방향", 『통일연구원』 Online Series CO19-06, (2019), P.3.

91 육군교육사령부, "월간 작전환경분석", 6월호, p.21.

로 본다.[92] 이러한 중국의 군사굴기는 중국 특색의 대국외교를 지향하며 세계일류의 군대를 건설하여 미국을 따라잡고 경제적 우위의 목표를 확대하고 있다.[93]

일본은 동북아에서 중국의 패권과 주도권 행사에 대하여 반대하며, 정치 · 경제 · 군사적 역량을 강화하고 동북아 지역에서의 주도권을 중국에 내어주지 않기 위해 노력하고 있다. 중국의 일대일로 전략 기조하에 추진하고 있는 해양패권 확장전략에 대하여 견제하며 확고한 미 · 일 동맹체제를 구축하고 있다. 2017년 11월 미 · 일 정상회담에서 상호협력 방침아래 항행의 자유를 위해 미국, 인도, 호주 및 ASEAN 각국과의 전략적 연대와 협력을 강화하기로 하였으며, 2019년 4월에는 미 · 일 안전보장협의회에서 상호 간 공동훈련 등을 통해 군사협력을 높이기로 합의하였다.[94] 이 합의 간 미국은 일본에 항모급 강습상륙함을 배치하여 중국과 북한에 압력을 행사하였다.[95] 일본은 보통국가로의 촉진을 서두르면서 2007년 방위청을 방위성으로 전환하고, 2018년 12월에는 국가안전보장회의에서 '신방위계획대강'을 통해서 군사력을 강화하고 있다.[96] 미국의 지원 및 비호하에 정찰위성과 미사일체계 개발과 시험을 증대시키고 있고, 자칫 또 다른 패권국으로서의 등장에 대한 위협도 간과할 수 없다. 일본은 한반도의 평화적 체제에 대하여 현상유지를 바라고, 한반도

---

92 육군교육사령부는 2019년 6월 20일에서 6. 28일까지 '2030~2050 대한민국의 Mega Trend 및 미래전'에서 중국의 미래전 혁신에 대하여 중국 및 군사분야 전문가를 초청하여 세미나를 진행하였다. 이 세미나에서는 '중국의 군사전략과 혁신'과 '2030~2050 주요국의 국력과 중국의 핵심이익' 등 미래군 전략에 대한 다양한 논의가 진행되었다. 이창형, "제3국의 군사혁신 전망", 『육군교육사령부: 19-1차 Korean Mad Scientist Conference』 (2019).

93 윤석준, "제19차 당대회 이후 중국 군사전략 변화와 시사점", 『국가안보전략』 통권 65 VOL 07 2월호, (2019), pp.29-31.

94 육군교육사령부, "월간 작전환경분석", 5월호, (2019), p.23.

95 손효주, "미 항모급 강습상륙함 일 배치'군사밀월' 북중 동시 압박", 『조선일보』 2019년 4월 30일, A2면.

96 국방정보본부, 『일본방위백서』 (대전: 국군인쇄창, 2020), pp.24-27.

를 중국 및 러시아 그리고 북한으로부터의 방호벽으로 인식하면서 북한의 핵 위협에 대하여 나름의 대응책을 강구하고 있으며, 잠재적으로 한반도를 대륙진출의 기동로로서의 야욕을 갖고 있다. 북핵에 대하여는 강경한 노선을 견지하면서 6자회담을 통하여 해결하려고 노력하였으며, 군사력 측면에서는 미국과 전략적 유대관계를 유지하면서 독자적인 전력을 확보하기 위하여 노력하고 있다. 일본은 전통적으로 정서적인 측면에서 가까이하기는 쉽지 않으나 군비감축과 관련하여 정치 · 경제적으로 협력할 요소가 많으므로 협력에 의한 상생의 정책을 펼칠 필요성이 있다.

러시아는 냉전 종식 이후 경제와 군사력 면에서 많은 것을 잃었으나 아직 군사 대국으로서의 면모는 유지하고 있으며 최근 미국과 중국의 패권경쟁 속에서 독자적 상생 및 중국과의 협력을 강화하고 있다. 특히 미국의 대중국 압박을 계기로 중국과 우호적 관계를 발전시키고 전략적 협력을 병행하고 있다. 상하이협력기구를 통해서 중국과 협력을 강화하고, 2019년 4월에는 중국과 잠수함 및 항공기 요격을 위한 미사일 사격 등 군사훈련을 통한 군사적 결속력을 강화하고 있다.[97] 북한 문제에 대해서는 중국에 주도권을 빼앗겼으나 핵 문제와 관련해서는 6자회담을 통하여 영향력을 발휘하려 노력하였고, 한반도 문제에 대하여 태평양 진출통로로써 지속해서 관심을 두고 있다. 2019년 4월 러시아는 북한과의 정상회담에서 "한반도 비핵화를 위해선 북한에 대한 체제 안전보장이 이루어져야 한다"며 북한을 지지하였다.[98] 한반도 평화체제에 대해서는 중국과 함께 북한의 입장을 지지하며, 유사시 한반도의 변화에 대해서도 영향력을 지속하려 한다. 한국의 입장에서 러시아는 민족적 갈등이 없어 통일 및 군비감축과 관련된 문제를 중국 및 일본에 대비하여 비교적 쉽

97 육군교육사령부, "월간 작전환경분석", 5월호, p.25.

98 "북 체제 안전 요구 … 우리 안보가 홍정거리 되는 일 없어야", 『조선일보』 2019년 4월 29일, A35면.

게 접근하고 협력할 수 있을 것이다.

동북아 지역은 세계에서 군사력이 가장 밀집되어 있으며, 각국은 이 지역에서 국가이익과 안보 유지를 위한 경쟁이 지속될 것이다. 미국과 중국의 패권경쟁은 미국과 협력하는 국가들과 중국을 동조하는 국가들이 속한 양 진영에서 각국의 이익을 확보하기 위해 다자간 안보협력으로 상호 대응할 것이다. 양 진영에서의 군사적 대응과 경쟁 관계는 남북한 간 군비감축 측면에서 부정적 영향을 초래할 수 있다.[99] 그러나 북한의 핵 문제에 관하여 비핵화 및 확산방지의 측면은 주변 국가들이 동조하고 있으므로 핵 감축과 연계하여 군비감축을 추진하는 방안을 강구 할 수 있을 것이다. 한반도 주변 국가의 군사 능력은 남한에 비교해서 핵을 포함한 대량살상 및 첨단무기에서 월등하다. 남한은 전략 및 첨단무기 등의 분야는 감축보다 증강되어야 할 수준이며, 재래식 무기와 병력 등 양적 군사력 면에서는 국방개혁과 연계하여 부분적 감축이 가능할 것이다. 그러므로 장차 무기와 병력 면에서 질적 분야를 증강 시키면서, 양적 부분에서 적정한 수준의 군사력을 유지하여 감축을 고려할 수 있을 것이다.

〈표 3-1〉은 한국을 둘러싼 주변 국가들이 한반도 정책과 군비감축 태도 관련 내용을 정리한 것이다. 한반도 주변의 국가들은 한반도에서 비핵화와 핵의 확산을 방지하고 핵의 위협에서 벗어나며, 분쟁 없이 현재의 체제를 유지하기를 희망한다. 반면 군비를 감축하는 사안에 대해서는 언급이 없어 군비감축을 반대하지는 않는 것으로 판단하고 감축과 관련된 정책과 협력체계를 강구 할 수 있을 것이다. 그러나 국가별 국익과 다양한 정책이 존재하여 군비감축 추진이 쉽지는 않을 것이다. 이러

99 미어샤이머는 『강대국 국제정치의 비극』에서 다극적인 양상보다 양극체제에서 전쟁의 위험성 적다고 한다. 양극체제에서 전쟁의 발발이 적은 이유는 첫째, 분쟁의 기회가 상대적으로 줄어든다. 둘째, 거대 국가 간 힘의 균형이 형성된다. 셋째, 전쟁을 유발할 수 있는 오판이 감소한다. 넷째, 국제사회에서 두려움이 상대적으로 줄어든다. 반대로 다극체제에서 전쟁의 위험이 높은 이유는 첫째, 분쟁의 가능성이 높다. 둘째, 국가 간 힘의 균형이 깨져 국가별 전승을 기대한다. 셋째, 전쟁을 유발할 수 있는 오판이 증가한다. John J. Mearsheimer, 『강대국 국제정치의 비극』 앞의 책, pp.463-464.

<표 3-1> 주변 4강의 군비감축에 대한 정책과 태도

구 분	국가이익	한반도에 대한 정책	군비감축 의사
미 국	• 전 세계와 동북아 지역 주도권 유지 • 지역 내 타 국가의 패권국화 저지 • 비핵화 및 핵확산 방지를 통한 미국 안전	• 북한 비핵화 및 핵확산 위협 회피 • 지역내 평화 유지 • 남한의 군사기지화 및 영향력 유지	중국과 러시아의 위협에 대비한 적정군사능력 보유 필요성 인지
중 국	• 북한을 이용하여 미국 견제 • 동북아 지역에서의 패권화 지향 • 북한에 대한 지속적인 영향력 유지	• 북한 비핵화 및 핵확산 저지, 체제보장 • 한반도 현상 유지 • 북한을 이용한 미 · 일의 군사적 위협 방호	군비감축과 관련된 반대 의사 없음
일 본	• 미국과 안보 동맹으로 중국 견제 • 군사 대국화 전력 증강 및 지역 내 주도권 확보	• 북한 비핵화 및 핵확산 위협 회피 • 한반도 현상 유지 • 한반도를 이용한 중국 및 러시아 방호, 대륙진출로	군비감축과 관련된 반대 의사 없음
러시아	• 중국과의 협력으로 미국 견제 • 북한에 대한 정치 • 군사 영향력 확보	• 북한 비핵화 및 핵확산 저지, 체제보장 • 한반도 현상 유지 • 태평양 진출로	군비감축과 관련된 반대 의사 없음

한 제한사항을 해결하기 위해서는 미국과 중국의 패권 전략이 수정되어야 하고, 한국을 둘러싼 내륙 및 해양의 영토문제 그리고 가장 우려스러운 북한의 핵 문제가 우선 논의되어야 한다. 핵과 관련된 문제는 핵보유국인 미국과 중국, 러시아의 핵 군축을 위한 노력의 선행을 통해서 북한의 핵 문제 처리에 접근하고 핵을 갖지 않은 남한과 일본의 비확산에 동참함으로써 북한에 핵 개발을 포기하도록 종용하고 압박을 할 수 있을

것이다.[100] 재래식 군비감축도 같은 선상에서 미국과 중국이 서사군도 및 남사군도 일대와 센카쿠열도 등 해양에서의 패권을 다투고 있는 해군전력을 감축 또는 제한, 철수함으로써 동북아의 군비감축 환경을 조성하고 나아가 한반도에도 긍정적 영향을 끼칠 수 있을 것이다.

3. 한반도 환경

한반도는 남한과 북한이 상호 위협으로 인식하고 있으며, 특히 북한의 핵 개발과 더불어 군사전략과 전력구조 등에서 비대칭적 양상과 불균형이 존재함으로써 군비감축 환경이 조성되지 못하고 오히려 저해되고 있다.[101] 한반도에서 남북한이 군비감축에 영향을 주는 요인은 다음과 같다.

남한과 북한은 6.25 전쟁으로 인하여 각각 상대방을 위협의 대상으로 인지하고 있다. 남한은 과거 북한이 침략하여 저지른 행동과 그 과정에서 일어난 참혹한 실상을 기억하고 있으며, 현재는 북한의 기습 가능한 전력과 호전적인 정치행태에 대하여 지속적인 위협을 느끼고 있다. 북한은 6.25 전쟁 당시 미국 때문에 전쟁의 목적을 달성하지 못하였다고 생각하고, 현재는 미국과 미국이 배치한 한반도 주둔군에 대하여 직접적인 위협으로 인지하고 있다. 남북한의 서로 상이한 위협 대상은 대화와 군비감축의 협상에 걸림돌로 대두된다. 남한은 협상의 대상을 직접적인 위협을 주는 북한으로 선정하려 하고, 북한은 미국을 협상의 대상으로 인정한다. 이와 같은 상이한 위협의 대상으로 인한 군비감축 협상 대상 선정 문제는 주변 국가를 활용할 필요가 있다. 즉, 남북한 당사자와 직접

---

100 김재철 · 김정기, "동북아평화를 위한 군비통제 접근방향", 『한국동북아논총』 제63호 (2012), pp.61-67.

101 김태현, 앞의 책, pp.12-13.

적인 영향력을 가진 미국과 중국, 직간접적으로 영향을 미칠 수 있는 일본과 러시아를 포함한 주변 국가의 협력을 통한 군비감축의 접근이 필요하다.

군사력 분야에서는 남한과 북한 간 전력의 비대칭이 있다.[102] 남한은 핵이 없고 재래식 전력으로 무장하고 있으며, 북한은 대량살상 가능한 핵과 생화학무기 그리고 재래식 무기까지 보유하고 있다. 남한은 재래식 무기에서도 포병화력 등 일부 전력 면에서 북한에 대비 열세하며 우위 확보를 위하여 질적인 분야에서 개량 및 첨단화 노력을 하고 있다. 북한의 핵무기와 생화학무기는 남한에서의 보유 무기체계와 비교 대상이 없다. 이러한 북한의 대량살상 가능한 비대칭 전력에 대비하여 남한은 별도로 협상할 수 있는 카드가 필요하다. 북한이 보유한 핵과 생화학무기를 그대로 두고 군비감축을 추진하는 것은 있을 수 없는 설정이다. 따라서 남한은 국제적으로 공감대를 형성하고 동북아 주변국과 핵을 비롯한 대량살상무기에 대하여 우선으로 협력하여 북한 비대칭 우위를 해소하는 방안을 강구해야 한다.

전략적인 분야에서는 핵심 도시에 대한 비대칭이 있다.[103] 남한의 서울은 휴전선으로부터 가까운 거리에 있으며, 북한의 평양은 휴전선으로부터 이격되어 있어 전략 거점의 거리 면에서 상대적으로 불리하다. 특히, 서울을 비롯한 수도권은 행정 및 사회의 중심이며, 전체 인구의 1/3이 살고 있고, 서울은 전략적으로 중요하지만 심리적으로도 반드시 방호되어야 하는 중요 지역이다. 더욱이 북한의 화력과 전투병력이 평양과 원산을 잇는 선 이남과 휴전선 일대에 배치하고 있어 남한으로서는 상당히 불리한 위치에서 협상에 임해야 하는 상황이다.

남북한의 상이한 위협 대상과 상호 보유한 군사력의 차이에서 발생

---

102 남만권, 『군비통제 이론과 실제』, 앞의 책, pp.305-307.

103 구본학, "북핵위협과 한반도 군비통제의 과제", 『신아세아』 제24권 제1호, 신아세아질서연구회, (2017), pp.89-90.

하는 비대칭성, 남북한의 행정과 인구가 밀집하고 있는 전략 거점의 차이는 군비감축을 추진하는 데 있어 불리한 여건으로 판단된다. 한반도 주변 국가들을 고려할 때도 부정적 요인이 긍정적 요인보다 많은 상황이다. 한반도 주변 국가 대부분은 국가별 얻을 수 있는 이익의 관점에서 남북한의 상황을 주시하고 있으며, 한반도가 분리된 현재의 상황을 유지하는 방향으로 정책을 추진하고 있다. 군비감축은 남한과 북한의 입장 및 전략의 차이로 추진을 저해하고 있으며, 한반도 외부의 주변 국가를 고려할 때도 부정적인 요인이 많다. 더욱이 북한은 남한과의 대화에서 일관성 없는 태도와 빈번한 약속 위반, 공격용 무기의 지속적인 개발과 기습적인 군사행동 등으로 남한을 위협하고 있으며, 남한은 대화와 신뢰 구축을 추진하고 있으나 정치권의 교체와 제안을 일관되게 하지 못하고 있다.

남과 북의 이러한 행태는 수십 년 동안 반복됨으로써 군비감축과 관련된 논의가 제대로 추진되지 못하고 있다. 그러므로 한반도에서의 군비감축 추진은 UN을 비롯한 세계의 협력기구를 활용하고 한반도 주변 4개국은 미국의 동맹을 기초로 다자간 협력체계를 구축해야 한다. 6.25 전쟁 이후 북한과 수없이 접촉함으로써 얻은 결론이 신뢰구축에 의한 대화는 불가능하다는 것을 인식하고 미국을 활용한 군사적 압력과 경제 제재를 통해 스스로 대화의 장으로 나올 수 있는 정책을 강구하여 복합적인 군비감축 전략을 추진해야 한다. 현재까지 전개한 군비감축의 추진환경은 〈그림 3-1〉과 같이 정리할 수 있다.

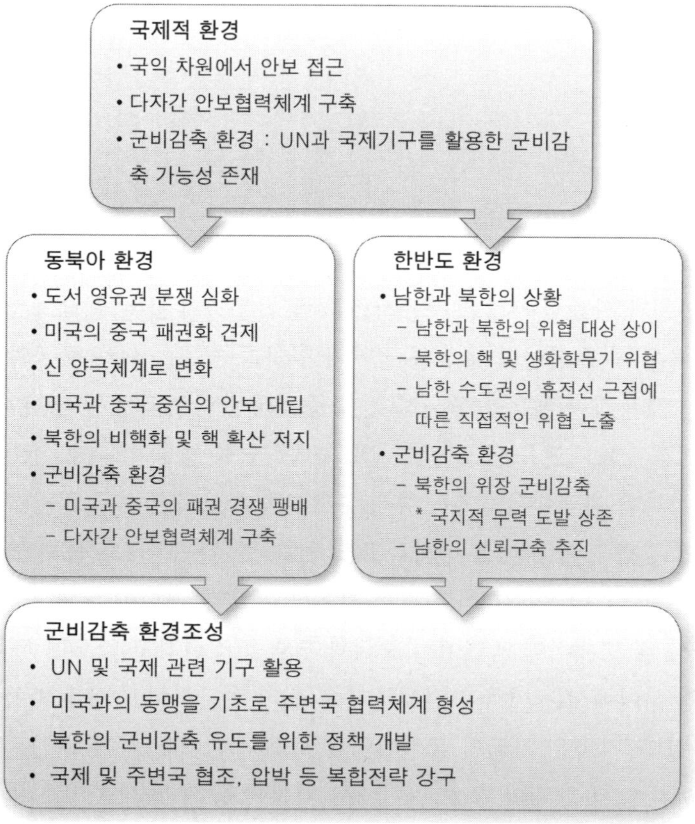

<그림 3-1> 군비감축 추진환경

제2절 군비감축 추진 제한요인

세계 대부분의 국가는 자국의 생존 및 국익과 관련된 문제에 대해서 교역전쟁과 필요시 무력을 사용하는 것을 거부하지 않는다. 대표적인 예로 미국은 자국 산업의 보호와 국민의 일자리 창출을 위해 중국과의 교역에서 보복적인 행동을 불사하고, 동중국해와 남중국해 등의 지역에서 군사 · 경제적 패권을 확보하기 위해 무력위협을 망설이지 않고 있다. 일본은 동북아 지역에서 군사 · 경제 주도권을 확보하기 위해 군사력을 증강하고 경제 능력 확대를 강화하고 있으며, 한국과는 독도 문제 등 과거 역사와 관련하여 비우호적 태도를 지속하고 있다. 러시아는 최근 중국과의 군사 및 경제적인 측면에서 중국과 협력을 강화하고 있으며 특히, 군사적인 분야에서는 미국을 견제하기 위해 자체 군사력 증강에 박차를 가하고 있다. 각국은 자국의 국가이익을 위해서 과거의 적과 손잡는 것을 마다하지 않고 현재의 우호 관계에서 기꺼이 등을 돌리고 있으며, 동북아시아 주변의 국가들은 군사력 증강과 경제력 강화를 위해 이러한 상황을 언제든지 행동으로 옮길 수 있다. 한반도의 이러한 환경에서 군비감축의 추진은 쉽지 않을 것이나 협조를 얻기 위해서는 이들 국가와 교류가 불가피하며 가능한 우호적 입장에서 협력을 증대해야 할 것이다.

동북아 지역은 이념과 과거의 역사 그리고 최근에는 경제문제로 인하여 크게 2개 권역으로 나뉘어 있다. 이념의 문제에서는 자유민주주의 진영과 사회주의 진영으로 분할되어 대립하고 있다. 역사와 관련된 문제는 과거 전쟁 당시 상대국에 저지른 행위로 인하여 민족적 갈등이 국가별로 내재 되어있다. 최근에는 경제적인 문제로 교역 물품을 무기화하여 전쟁과 같은 상황을 연출하고 있다. 이와 연장 선상에서 코로나 바이러스와 같은 전염병의 문제에서도 국민의 사망 증가와 경제적 붕괴 상황을 상대국에 전가시키는 상황에 이르고 있다. 이념과 민족적 갈등, 교역 전쟁은 군비경쟁으로 연결되고 군사력을 증대시켜 군비감축의 걸림돌이 되고 있다. 이러한 갈등과 군비경쟁은 국가별 대외정책으로 연결된다. 한국은 이러한 갈등의 중심에 있으며 특히, 민족적 갈등과 관련된 사항에서는 국민을 설득하여 추진할 상황이 발생할 수 있다.

한반도에서 남북한은 상호 군사적 우위를 확보하기 위한 군사력 증강으로 군비감축의 접근이 쉽지 않을 것이다. 북한이 보유한 핵과 대량살상무기는 비대칭의 성향이 강하여 군비감축으로의 접근은 더욱 어려워진다. 2017년 화성 15호기 발사 시험으로 인한 핵무기의 발사능력 증가는 대북 협상의 어려움이 더욱 커졌음을 의미한다.[104] 북한은 2020년 화성 15형 3~4기를 동시에 생산할 수 있는 시설과 ICBM을 개량한 새로운 전략무기 개발을 시도하고 있는 것으로 관측되고 있다.[105] 군비감축은 당사국 간 신뢰구축을 통하여 발전하나 남한과 북한의 적대관계는 화해와 불협을 반복하고 있어 유럽과 같은 신뢰구축에 의한 군비감축은 제한될 것으로 판단된다. 서로 상이한 이념과 6.25 전쟁 이후 지속된 상호 불신은 실질적인 대화에 의한 신뢰를 더욱 어렵게 하며, 북한의 일당독재에 의한 정치 · 외교적 폐쇄성은 신뢰구축에 의한 군비감축의 접근에 많은 제한요소로 작용한다.

---

104 국가안보전략연구원, "국가안보와 전략", 제19권 1호 (2019), p.14.

105 윤상호, "군'북 신리 시설 내부노출 최소화 … ICBM 등 핵심무기 연관'", 『동아일보』, 2020년 5월 7일, A5면.

제3절 군비감축 사례 및 접근방법

1. 국제 군비감축 사례

1) 유럽의 군비감축 사례

제2차 세계대전 후 유럽은 동부와 서부로 나뉘어 상호 적대관계로 대립하고 군사력을 증강하였다. 서부지역은 미국과 서유럽 자유주의 국가들이 '북대서양조약기구'(NATO)를 결성하였으며, 동부지역은 소련과 동유럽 사회주의권 국가들이 '바르샤바조약기구'(WTO)를 결성하면서 상호 대립과 군비경쟁을 가속화 하게 되었다. 상호 대립과 위협의 관계는 군비경쟁을 강화하게 되었고, 양측의 군사력 증강의 지속은 국가 안보딜레마를 형성하게 되었다. 이에 유럽은 동서부 지역의 상호 경쟁으로 인한 군사력 증강이 피아간 출혈로 종결될 수밖에 없음을 인지하고 점차 군비경쟁을 줄이고 군비감축으로 전환하게 되었다.

NATO와 WTO는 생성 당시부터 상호 대립하였으며, 조약기구를 만들면서 대립 관계가 형성되었다. 제2차 세계대전이 끝나고 서쪽의 연합국 측은 영국, 프랑스, 벨기에, 네들란드, 룩셈부르크 등 5개국이 집단안보 보장을 위하여 1948년 브뤼셀 조약을 체결하였고, 집단안보의 확대 필요성을 느껴 1949년 미국 및 캐나다 그리고 서유럽 국가들이 추가 합류하여 NATO를 결성하였다. NATO의 결성과 더불어 1955년 서독이 NATO에 가입하자 이에 대응하기 위하여 소련을 중심으로 동구 공산권 국가 8개국이 참여하여 NATO에 버금가는 지역 안보 기구인 바르샤바 조약기구를 창설하였으며, 1968년 알바니아가 탈퇴하고 7개국으로 유지되었다.

유럽에서 안보에 관련된 협의는 소련으로부터 시작되었다. 소련은 1950년 이후 동부지역의 WTO와 서부지역의 NATO 국가 간 긴장과 대립 관계가 지속되자 새로운 전환점을 만들기 위해 유럽안보협력회의(CSCE)의 개최를 주장하였다. 그러나 서부지역에서는 협력이 조성될 경우 미국이 유럽을 떠날 수 있고, NATO가 해체될 것을 우려하여 반대의견을 제시하였다. 1960년 이후 동서부의 지역 간 긴장 및 대립 관계가 완화되면서 안보에 대한 협력의 필요성을 느껴 이번에는 미국 쪽에서 소련 중심의 WTO측에 상호균형감군회의(MBFR)을 제안하였다.

1970년대 들어서 화해의 분위기가 증가하면서 NATO와 WTO는 상호 협의하에 1973년 상호균형감군회의(MBFR)를 발족하였고, 1975년 유럽안보협력회의(CSCE)를 발족시켰다. MBFR의 주요 의제는 재래식무기감축협상(CFE) 이라는 구조적 군비통제 분야인 군비축소로 의견이 조

<표 3-2> 유럽의 군비감축 비교

구 분	MBFR – CFE	CSCE – OSCE
협상중점	• 신뢰구축 조치 및 억제 • 재래식 군비감축	• 신뢰구축조치 및 억제
법적지위	• 조약	• 정치적 합의서
참가국	• 23개국 : NATO 16개국, WTO 7개국 • WTO는 1991년 해체	• 35개국 : NATO 및 WTO, 중립국 등 • 2018년 현재 57개국
변천과정	• 창설 : 1973년 • CFE로 발전 : 1989년 * CFE- I (1992), CFE- II (1999)	• 창설 : 1975년(헬싱키 최종합의서) • CDE로 발전 : 1986년(스톡홀름 협약) * CDE- II (1992, 비엔나 협약) • OSCE의 상설기구로 변경(1995)
한국과의 관계	–	• 1994년 이래 협력 동반자국 지위 • 정상회의 및 평가회의 참여

출처: 이서항, "유럽의 경험을 통해서 본 한반도의 군비통제 방향", 『외교안보 연구원 정책연구』 90-5, (1990), p.29. 참고하여 재작성.

율되고, CSCE의 주요 의제는 신뢰구축이 중심이 되는 운용적 군비통제 분야인 군비통제 분야로 설정되었다. 향후 CSCE는 유럽안보협력기구(OSCE)로 전환되어 CSCE의 발전과 더불어 유럽의 새로운 안보질서를 구축하게 되었다. MBFR과 CFE 그리고 CSCE와 OSCE의 관계를 체결협정의 법적 지위, 협상 중점, 참가하는 국가의 수, 발전의 경과 등으로 구분하여 제시하면 〈표 3-2〉와 같다.

(1) **군사적 신뢰구축 사례**

군사적 신뢰구축이 중심이 된 유럽안보협력회의(CSCE)는 제2차 대전 이후 유럽의 질서를 정립하고 기습공격의 위험을 축소하기 위하여 1973년 헬싱키에서 개막되어 1975년 동 지역에서 CSCE의 최종합의서(Helsinki Final Acts) 도출과 함께 출범하였다. 이후 회원국 간 회의의 투명성을 확보하기 위하여 1984년부터 1986년까지 스톡홀름에서 유럽군축회의(CDE)를 진행하고 1986년 스톡홀름 협약(Stockholm Document)을 채택하였다. CSCE는 1989년부터 비엔나에서 스톡홀름 협약에서 진일보하여 군사적 위협을 감소하고, 신뢰구축을 강화하기 위하여 회의를 개최하여 1992년 최종적으로 비엔나협약(Vinna Document)을 채택하였다. CSCE는 1995년 신뢰구축과 군축에 대하여 체계적으로 추진하기 위하여 회의의 명칭을 조약의 명칭인 OSCE로 변경하였다.[106] OSCE는 유럽지역의 특성이 반영된 독특한 형태로 발전하고 있지만, 아시아 지역서도 적용 가능성을 보였다.[107]

---

106 Steve Tulliu · Thomas Schmalberger,앞의 책, pp.216-221.

107 한스 요아힘 기스만, “유럽안보협력회의(CSCE)와 유럽안보협력기구(OSCE): 유럽의 안보협력 정책”, 『함부르크대학 평화연구 및 안보정책 연구소』 페터가이 · 박상희 편집, (2003), p.11.

① 헬싱키 최종합의서

헬싱키 최종합의서는 군사적 위협을 감소시키기 위한 조치로서 '신뢰구축조치'(CBM)[108]의 개념을 도입한 최초사례이다. 이 협의서에는 6개의 주요 합의내용이 포함되어 있다.[109] 첫째, 25,000명 이상의 인원이 초과하는 군사훈련의 경우 21일 이전에 의무적으로 통보한다. 둘째, 소규모 군사훈련의 경우에도 참가국의 신뢰와 안전의 증진을 위하여 사전 통고할 수 있다. 셋째, 참가국 간 상호주의 정신에 근거하여 참관인을 초청 및 참여할 수 있도록 조치한다. 넷째, 대규모 군사 이동에 대하여 사전 통고하여 신뢰를 강화한다. 다섯째, 상호이해를 증진하기 위해 군의 대표단 및 군인의 교류를 촉진한다. 여섯째, 긴장완화와 대립의 감소를 위하여 군비감축을 촉진하는 효과적인 조처를 한다. 이상의 6개 항의 합의내용 중 25,000명 이상의 부대이동 및 군사훈련에 관한 내용이 핵심이며, 나머지 항목은 신뢰와 상호주의 입장에서 보완적 내용으로 평가된다.

이 합의는 군사력의 감소 및 제한에 대한 영향은 크지 않았으나 유럽의 군사적 위협에 대한 안보문제의 시작으로서는 의미가 크다. 헬싱키 합의서는 1986년 스톡홀름협약까지 약 10년 동안 대규모 군사훈련 사전 통보 130회, 훈련참관단 교환 72회 등 합의서에 의한 규제를 준수하기 위하여 각국의 참여 의지가 높았으며 이로 인한 신뢰구축에 기여한

---

108 신뢰구축조치(CBM: Confidence Building Measure)은 신뢰안보구축조치(CSBM: Confidence and Security Building Measure)와 비슷하나 안보문제를 넘어 보다 포괄적인 개념으로 이해되고 있다. CSBM은 CBM에 안보의 내용을 구체화한 개념으로 정치 및 군사적 긴장상태를 극복하기 위해 군사정책을 명확히 하기 위한 것으로 군사적 의도를 명확히 하고 군사활동에 대한 불확실성을 감소시키며, 기습공격이나 군사력의 위압적 사용을 억제함으로써 군사적 관계에 투명성 및 예측 가능성을 높이고자 하는 것이다. CSBM은 범주는 정보 및 통신 조치, 관찰 및 사찰 조치, 군사적 억제 조치 등으로 구분한다. 이상의 내용은 Steve Tulliu · Thomas Schmalberger, 앞의 책. pp.201-202/240-241을 참조.

109 국가안전기획부, 『군축조약집』 (1989), pp.189-203.; 이철기, 『동북아군축론』 (서울: 호암출판사, 1993), pp.109-113.

바가 있는 것으로 평가하고 있다.[110] 그러나 헬싱키 최종합의서는 CSCE의 초기 단계로서 신뢰구축 참가 국가 간 제한 및 강제의 규제가 약하고, 상호신뢰의 자발적 참여 수준의 합의로 평가된다. 헬싱키 최종합의서는 CBM 조치에 대한 정확한 구속력이 없고, 적용지역이 유럽 참여국가의 국경에서 250km 이내로 한정하여 규정함으로써 소련의 적용지역이 우랄산맥 서쪽으로 국한되었으며 검증에 대한 구체적 합의가 결여된 문제점이 있다.[111]

② 스톡홀름 협약

스톡홀름 협약은 헬싱키 최종합의서의 제한된 적용지역을 유럽의 전 지역으로 확대하고 사전 통보와 군사력 운용에 대한 제한조치 및 검증제도 등을 보완하였다.[112] 즉, 헬싱키 최종합의서보다 신뢰구축과 군사활동에 대한 조치를 보다 구체화함으로써 유럽군축회의(CDE)를 개최하는 등 신뢰구축을 체계적으로 추진하는 계기를 마련하였다. 스톡홀름에서의 합의내용은 보다 구체화하고 투명성을 확보하기 위하여 신뢰구축조치(CBM)를 보완하여 신뢰안보구축조치(CSBM)의 개념을 적용하였다. CSBM은 무력충돌로 이어질 수 있는 불신을 없애기 위한 조치로서 정보 및 통신, 참관 및 사찰 그리고 군사적 억제 등 3개의 범주를 포함하였다.[113]

이 협약은 무력사용을 금지하고 기습공격으로 인한 전쟁의 위협을 감소하며, 각국의 군사활동을 노출시키고 검증하는 조치들을 포함하였

110 이서항, "세계 군축사례와 한반도 군비통제 단계별 추진과업", (외교안보연구원, 1994), p.14.

111 김재철 외, "남북한 평화공존을 위한 운용적 군비통제 추진전략", 『한국동북아논총』 제82호, (2017), pp.159-160.

112 김재철 외, 앞의 책, p.160.

113 Steve Tulliu · Thomas Schmalberger, 앞의 책, pp.201-202/240-241.

다.[114] 첫째, 13,000명 이상의 병력이나 300대 이상의 전차가 참여하는 지상활동, 3,000명 이상이 참가하는 상륙작전 그리고 200회 이상의 항공기 출격활동 등에 대하여 42일 전에 통보한다. 둘째, 군사활동의 참관 부분으로서 17,000명 이상 병력의 지상 군사활동, 5,000명 이상의 상륙작전 및 공수부대 활동은 참관단을 초청해야 한다고 규정하고 있다. 셋째, 40,000명 이상의 군사활동은 1년 전에 통보하고, 75,000명 이상의 규모의 군사활동은 2년 전에 사전 통보한다. 넷째, 검사대상국은 36시간 이내 사찰에 응하며, 검증은 48시간 이내 종료하는 등의 내용이 포함되어 있다.

스톡홀름 협약은 군사력의 운용 규제와 군사활동의 예측 그리고 군사력의 사용 의도를 투명하게 하는 역할을 수행하였다. 이 협약이 발효된 이후 1991년까지의 짧은 기간동안 군사훈련 사전통보 120회, 훈련참관 초청 53회 그리고 현장검증 44회와 16개국에 의한 연례 군사활동 일정표 교환이 있었다.[115] 헬싱키 최종합의서에 대비하여 거부권이 없는 검증내용이 포함되는 등 정치적 구속력의 강화로 군사적 투명성이 높아지고 상호 신뢰구축의 향상으로 향후 군축협상에 의미 있는 여건을 조성하는 계기가 되었다.

③ 비엔나 협약

비엔나 협약은 스톡홀름 협약과 연계 선상에 있으며 1990년부터 협상이 시작되었다. 비엔나에서 CDE의 후속협상으로서 군사적 위협을 감소하고 CSBM 개념을 강화 및 범위를 확대하여 CDE-Ⅱ라고 명명하기도 하였다. 강화 및 확대된 범위는 군 병력 및 주요무기 배치 등에 관하여 정보를 교환하고 현장사찰을 통한 검증 등의 내용이 포함되었다. 국

---

114 이서항, 앞의 책, pp.248-250; 박영규, 앞의 책, pp.16-17.

115 이서항, "군축사례 분석 및 교훈", 『한반도 군비통제』 (국방부, 1994), pp.92-93.

제적인 냉전 종식과 더불어 1992년 비엔나에서 CSBM의 강화된 내용으로 협약을 채택하였다.

비엔나 협약에서 강화된 주요내용은 40,000명 이상의 군대와 900대 이상의 전차가 동원되는 군사활동을 2년에 1회로 제한하였으며, 13,000명 이상의 군대와 300대 이상의 전차가 동원되는 군사활동은 연 6회를 초과하지 못하도록 하였다. 사전통보 대상은 13,000명에서 9,000명 이하로 하향 조정하고 참관대상에서도 17,000명에서 13,000명 이상으로 확대하였으며, 사전통보 기간 면에서도 2년전 사전통보 기준인 75,000명에서 40,000명으로 조정하였다. 이러한 조정내용은 사전통보 면에서는 확대된 부분이 있으나 군사활동에 대해서는 다소 기준을 낮춘 경향이 있다. 이후 비엔나 협약은 연례 정보 및 연중 군사활동 일정표 교환, 군사활동의 사전통보, 참관규정, 억제규정, 검증조치 및 군사접촉 등에 있어서는 더욱 확대되고 강화된 의무내용을 포함하였다.[116]

1990년부터 시작된 비엔나 협약은 1994년 새로운 협약이 채택될 때까지 짧은 기간 동안 군사훈련 사전 통보 22회, 현장사찰 21회 및 평가방문 126회 등의 성과가 있었다.[117] 비엔나 협약은 신뢰안보 구축조치 면에서 더 광범위하고 구체적인 내용으로 강화되었지만 군사활동의 사전통보 및 참관단 초청 의무규정 등에서 예외를 둘 수밖에 없어 국제적 합의체제로서 한계를 갖고 있다.

이상의 CSCE의 변천과정 상에서 헬싱키 최종합의서, 스톡홀름 협약 그리고 비엔나 협약의 신뢰구축 추진의 주요쟁점을 재정리하면 〈표 3-3〉과 같다. 헬싱키 최종합의서는 스톡홀름 협약 및 비엔나 협약에 비교해 구속력 및 규제대상, 통보기한 등에서 강제성이 약하며, 참관 초청 기준 및 검증에 대해서는 기준 및 항목이 없다. 반면 스톡홀름 협약 및

116 Steve Tulliu · Thomas Schmalberger, 앞의 책, pp.216-217.

117 이서항, 앞의 책, pp.95-96.

비엔나 협약은 대상 항목별 규제 및 의무사항이 많으며 대체로 유사하다. 항목별 세부내용 면에서는 확대 및 개편의 성향이 일부 있으나 항목별 주요내용은 크게 변화됨이 없이 협약에 대한 확인의 성격이 크다고 판단된다.

<표 3-3> CSCE 협약 주요쟁점 비교

구 분	헬싱키 최종합의서 (1975년)	스톡홀름 협약 (1986년)	비엔나 협약 (1992년)
구속력	• 자발적 준수	• 정치적 구속	• 제도화, 의무화
규 제 대 상	• 군사 이동 및 기동 • 병력 25,000명 이상	• 병력 13,000명 이상 전차 300대, 상륙군 3,000명 이상	• 병력 40,000명 이상 전차 900대(2년 1회) • 병력 13,000명 이상 전차 300대(연 6회)
통 보 기 한	• 21일전 통보	• 42일전 통보	• 42일전 통보
군 사 활 동 통 보 기 한	• 사전통보 의무 없음	• 사전통보 의무 • 40,000명 이상 참가 훈련은 1년전 통보 • 75,000명 이상 참가 훈련은 2년전 통보	• 사전통보 의무 • 40,000명 이상 참가 훈련 2년전 통보
참 관 초 청 기 준	• 자유재량	• 지상군 17,000명 이상훈련 • 5,000명 이상 상륙군 및 공부부대 훈련	• 지상군 13,000명 이상훈련
검 증	• 검증 항목 없음	• 검증 요청시 36시간내검증 허용 • 검증은 48시간 이내 종결	• 현장사찰 강화 • 검증은 48시간 이내 종결

출처 : 한용섭, 『한반도 평화와 군비통제』 (서울: 박영사, 2004), pp.378-379를 참고하여 재작성

(2) 재래식 무기감축 사례

유럽에서는 군사적인 신뢰구축과 연관된 유럽안보협력회의(CSCE)와 함께 재래식 무기감축이 병행하여 추진되었다. CSCE가 유럽의 대부분 국가가 참여한 반면 재래식 무기감축은 NATO와 WTO에 참여한 국가로 한정하였다. 재래식 무기감축은 초기 상호균형감군협상(MBFR)으로 시작하였으나 무기와 병력산출 문제 및 기타 접근방법의 상이로 실패하였으며, 향후 무기감축에 대한 지속적인 관심과 새로운 협상 필요성의 인식으로 '유럽재래식무기감축협상'(CFE)이 추진되었다.

① 유럽상호균형감군협상(MBFR)

재래식 무기 감축과 관련된 문제는 1960년대 말부터 대두되기 시작하였으며, 미국의 월남전 개입에 대한 미국민의 불편한 여론에 대한 여파로 유럽에서의 감군 및 철군을 주장하게 되었고 이에 위기의식을 느낀 NATO 국가들이 WTO 국가들에 대하여 상호 균등한 전력을 유지하기 위하여 상호균형감군협상(MBFR)을 주장하게 되었다. 소련은 미국이 철수시 서독의 급격한 군사력 증대에 대한 우려로 이를 방지하고자 유럽안보협력회의(CSCE) 개최를 제의함으로써 상호 이익을 위해 감군협상 제안이 성사되었다. NATO 측에서 참여한 7개국과 WTO 측에서 참여한 4개국을 합쳐 총 11개국이 참여하여 1973년 비엔나에서 회담을 개최하였다.

그러나 MBFR은 양측의 입장이 상이하여 여러 가지 문제가 있었다. 양측이 주장하는 내용을 외무부 국제조약국에서 검토한 내용을 토대로 비교하면 다음과 같다.[118] 첫째, 감축대상 및 범위 면에서 NATO 측은 재래식 무기 중 병력만 감축하고 감군의 범위는 전 유럽을 대상으로 하였으나, WTO 측은 재래식무기 뿐만 아니라 전술핵무기 감축을 포

118 외무부 국제조약국, 『군축문제』 (1986), p.27.

함하고, 감군의 범위를 비동맹 중립국까지 포함하는 안을 제안하였다. 양측의 주장은 전 유럽으로의 확대에는 유사하나 감축의 대상 면에서는 다소 차이가 있었다. 둘째, 회담의 가장 핵심이 되는 부분으로서 감축방법 문제에서 의견 차이가 컸다. NATO 측에서는 상호 균등한 감축(Asymmetrical Reduction)을 제시하였고, WTO 측에서는 동등한 규모의 감축(Symmetrical Reduction)을 제시하였다.

양측의 제안은 병력감축에 초점이 맞추어졌는데, NATO 측은 유럽에서의 군사적 균형을 유지하기 위해 병력감축을 공동의 상한선으로 설정하자는 것이고, WTO 측은 소련의 우세한 군사력 유지를 위하여 동일한 수 또는 동일한 비율로 감축하자는 것이었다. 병력감축과 관련하여 NATO 측과 WTO 측의 제안 주요내용을 연도별로 비교하면 〈표 3-4〉와 같다.

NATO 측과 WTO 측의 병력 비교안을 살펴보면 NATO 측은 소련의 공격우위 능력을 우려하여 1973년 회담 초기부터 감축의 상한선을 지속적으로 주장하였다. WTO 측은 초기 동률을 주장하다가 후기로 가면서 점차 상한선에 동조하면서 오히려 소련 측 병력의 감축인원을 늘려가는 NATO 측의 주장에 일부 근접하는 제안을 하였다. 그러나 양측은 병력감축의 방법과 대상 등의 문제로 회담이 성공하지 못했다.[119] 회담이 결렬된 주요 원인은 감축의 대상 면에서 병력과 무기의 감축 범위를 명확히 하지 못했고, 감축의 방법 면에서 비례적으로 감축할 것인지 최고한도에 따른 감축인지에 대한 이견이 좁혀지지 않았으며, 협상 대상 국가의 참여한계와 정치적 의지 부족 등으로 분석하였다.[120]

1973년부터 1989년까지 진행된 MBFR의 회담은 성공하지 못하였지만 16년 동안 지속된 회담으로 군비감축에 대한 이해와 많은 경험을 얻

---

119 김성회 · 황우웅, 『군비통제 선험사례 연구』 (서울: 한국전략문제연구소,1992), pp.125-135; 남만권, 『군비통제 이론과 실제』 (서울: 한국국방연구원, 2004). p.29.

120 Steve Tulliu · Thomas Schmalberger, 앞의 책, p.21.

<표 3-4> NATO와 WTO의 병력 감축안 비교

구분	NATO	WTO
1973	• 미 · 소 양국이 15% 감축 • 70만명 한도 내에서 병력 주둔	• '75년까지 NATO와 WTO 각 20,000명 감축 • '76년에 5%, 77년에 10% 동률 감축
1979~1980	• 1단계: 미군 12,500명, 소련군 30,000명 감축 • 2단계 : 90만 명 상한선으로 감축 * 지상군 70만 명, 공군 20만명	• '79년, 12개월내 소련군 20,000명 일방적 감축 • '80년, 소련군 20,000명, 미군 13,000명 감축
1982	• 지상군 70만명 상한선으로 감축	• 1단계: 소련군 20,000명, 미군 13,000명 감축 • 2단계: NATO 및 WTO 각각 90만 명 상한선으로 감축
1985~1986	• 1단계: 미군 5,000명, 소련군 11,500명 감축 • 2단계: 3년 내 추가 감축	• '85년, 소련군 20,000명, 미군 13,000명 감축 • '86년, 85년 제시안을 수정하여 소련군 11,000명, 미군 6,500명 감축

출처: 백종천, "한반도 군축 추진전략", 『정책연구』 97호, (1989), pp.70-71; 김성희 · 황우영, 『군비통제 선험사례 연구』, (서울: 한국전략문제연구소, 1992), pp.109-110 등을 참고하여 재작성.

게 되는 계기가 되었다. 회담에서 합의가 이루어지진 못했지만, 군비감축에 대한 문제점을 파악하고 해결을 위한 기술적 측면에서의 방법을 이해함으로써 CSCE의 진전과 향후 유럽에서 재래식 무기감축의 실질적인 협상의 중요한 토대가 되었다.

② 유럽재래식무기감축협상(CFE)

MBFR 협상이 미진하고 교착상태가 지속됨에 따라 유럽 내에서는 재래식무기 감축에 대한 새로운 형태의 협상 필요성을 인식하였다. 이러한 인식은 NATO와 WTO가 공감하여 재래식 무기감축에 대한 예비회담

으로 진행하게 되었고, 1987년 2월부터 시작한 예비회담은 1989년 3월 NATO와 WTO 가맹국 23개 국가가 모여 MBFR을 종료하고, 대신 유럽 재래식무기감축협상(CFE)을 발족시켰다.

CFE 발족은 고르바초프의 개혁의지에 많은 영향을 받았다. 고르바초프는 1985년 소련의 정권을 장악하면서 경제에 많은 관심을 집중시키고 군사 분야에 대해서는 방어수준의 정도로 생각하는 외교정책을 추진하였다. 동맹국과 위성국에 대해서 자결권을 허용하고 국가 간에 작용한 이념의 장벽을 제거하며, 서방측과의 갈등을 평화적으로 해결하고자 하였다. 그 시발점은 소련과 WTO가 재래식 무기의 우위를 인정하면서 군사력 현황의 공개를 허용하면서 시작하였다. 군사전략 분야에서도 기존의 절대안보 개념에서 공동안보의 개념을 선택하고, 전략교리 면에서도 인접 국가에 위협을 주지 않으면서 외부로부터도 방어할 수 있을 정도의 군사력만 유지하는 수세적 방어개념인 '합리적 방어 충분성'의 원칙으로 전환하였다. UN 총회에서 새로운 군사전략 및 교리를 표명하고 동유럽에서 주둔하고 있는 소련군을 일방적으로 철수할 것임을 발표하는 등 군축 의지를 전달함으로써 NATO 진영과의 협상 여지를 높여 갔다.

NATO와 WTO는 기존의 MBFR 실패를 경험삼아 정상회담과 외무장관 회담을 거치면서 이견을 조율하였다. 양측은 MBFR에서 조율이 되지않은 감축대상 무기와 병력의 상한선 등에 대해서 논의하였다. NATO 측은 WTO 측의 기습공격 능력을 축소하고 감축비율에 있어서도 WTO 측의 비율이 높아야 한다는 의견을 피력하였다. 양측이 진행한 협상의 기본합의 내용은 다음과 같다.[121] 첫째, 재래식 전력을 낮은 수준에서 유지하고, 군사력의 균형을 유지함으로써 유럽의 안보와 안정을 강화한다. 둘째, 안보와 안정을 저해하는 제반 불균형을 제거한다. 셋째, 기습공격 및 대규모 공세작전 능력을 우선 제거하는 것이다. 협상의 대상은 지상

121 유인택, 『한반도 군사문제의 이해』 (서울: 법문사, 1996), pp.209-211.

에 배치된 재래식 전력의 무기 및 장비로 한정하고, 핵무기와 화학무기 그리고 해군력은 제외하였다. 협상의 대상지역은 대서양에서 우랄산맥까지의 참가국 영토 및 도서로 한정하였다. 정보교환 및 검증 면에서는 정보교환을 토대로 현장검증을 의무화하였다. 이러한 양측의 기본합의문은 소련의 양보로 NATO의 제안을 대부분 수용한 합의사항으로 분석된다.

• **CFE-Ⅰ 조약**

1989년 1월 CFE 협상을 위한 양측의 기본합의사항에 따라 이후 5회에 걸쳐 전체회의 및 정상회담을 통해 조율하고, 1990년 11월 파리에서 CFE-Ⅰ의 조약이 체결되었다. 조약의 내용을 살펴보면 목적과 참가국 수에서는 기본합의사항과 같으며 감축방법 등 주요내용은 〈표 3-5〉와 같다. 합의내용은 병력을 제외한 감축대상무기(TLE: Treaty Limited Equipment)로 전차, 장갑전투차량, 화포, 작전용항공기, 공격용헬기 등 5종의 주요 무기체계로 한정하였다.[122] 공격용 무기의 상한선을 한정함으로써 NATO 측에서는 재래식 무기의 불균형을 제거하는 효과를 얻을 수 있었다. 감축방법은 CFE에 명시되어 있는 8가지 절차로서 조약 적용장비 감축을 위한 폐기, 비군사적 목적으로의 전환, 고정전시용 배치, 지상교육용 목적을 위한 사용, 재분류, 지상표적으로 사용, 재구분 및 수정 등이다.[123] 즉, 40개월 이내 완전감축을 목표로 하고, 보유 상한을 초과하는 무기는 파괴 및 민수용으로 전환하거나, 전시 및 교육용으로 활용하는 것으로 합의하였다. 정보교환은 부대명칭과 무기수 등에 대하여 구체화하였고, 검증방법은 현장검사와 공중검사 및 합동자문단을 운영하여 의문사항과 모호한 사항을 해결하는 등 보다 투명한 처리내용으로 합의하

122 Steve Tulliu · Thomas Schmalberger, 앞의 책, p.33.

123 Steve Tulliu · Thomas Schmalberger, 앞의 책, p.36.

<표 3-5> CFE-Ⅰ의 주요내용

<table>
<tr><th>구 분</th><th colspan="3">주 요 내 용</th></tr>
<tr><td>참가국</td><td colspan="3">• NATO: 미국 및 프랑스를 포함한 16개국
• WTO: 소련을 포함한 6개국</td></tr>
<tr><td rowspan="6">대 상
무 기
보 유
상 한</td><td>대상무기</td><td>통합보유 상한수(대)</td><td>1국 보유 상한수(대)</td></tr>
<tr><td>전 차</td><td>20,000</td><td>13,000</td></tr>
<tr><td>장갑전투차량</td><td>30,000</td><td>20,000</td></tr>
<tr><td>화 포</td><td>20,000</td><td>13,700</td></tr>
<tr><td>작전용항공기</td><td>6,800</td><td>5,150</td></tr>
<tr><td>공격용헬기</td><td>2,000</td><td>1,500</td></tr>
<tr><td>감 축
방 법</td><td colspan="3">• 3단계로 나누어 40개월 이내 완료
– 1단계: 조약 발효 후 16개월간 (규제대상 무기 25% 이상을 감축)
– 2단계: 조약 발효 후 28개월간 (규제대상 무기 60% 이상을 감축)
– 3단계: 조약 발효 후 40개월간 (감축 완료)</td></tr>
<tr><td>정 보
교 환</td><td colspan="3">• 지상군은 대대급까지, 공군은 비행단의 부대명칭까지 포함
• 5개 TLE 유형별 총 보유수 및 보유부대의 명칭과 위치
• 검증 및 신고대상 정보, 기타 변경사항 등</td></tr>
<tr><td>검 증
방 법</td><td colspan="3">• 현장 사찰
• 인공위성 등 탐지기로 정보수집
• 공중검사 실시와 합동자문단(JCG: Joint Consultative Group) 구성 운영</td></tr>
</table>

출처: 국방부, 『군비통제자료 10』, (1993), p.208; 남만권, 『군비통제 이론과 실제』 pp.158-159.

였다.

CFE-Ⅰ는 상호 합의에 의한 이행이 순조롭게 진행되었으나, 동구권의 경제적인 문제와 지역구조 면에서 문제점이 발생하였다. 러시아를 비롯한 동구권은 경제난으로 인하여 초과 무기의 파기 및 처리비용에 봉착하여 조약을 이행하는 데 어려움을 겪었고, 지역구조 문제는 WTO의 해체[124]와 1994년부터 가시화된 NATO의 동유럽 국가의 가입을 허용하는 확대계획에 대하여 러시아 연방이 반대하면서 CFE 조약의 존립 자체가 위태롭게 되었다.

• CFE-II 조약

NATO의 확장과 동구유럽의 몰락 등 국제정세와 유럽 안보환경의 변화에 따라 CFE 조약의 변화도 불가피하게 되었다. NATO는 변화하는 정세에 새로운 협상을 위하여 러시아와 지속하여 협조하였다. 협상의 의제는 국가 및 영토의 상한선과 주둔군 문제 등 8개 항목이었으며, 1999년 터키 이스탄불에서 CFE-Ⅱ 조약이 체결되었다. CFE-Ⅱ 조약의 특징은 기존에 규정하지 못했던 분야에 대하여 'CFE 최종협약'(CFE Final Act)의 정치적 타협을 통해서 달성하였으며, CFE-Ⅰ을 부분적으로 대치하였다.[125]

CFE-Ⅱ는 CFE-Ⅰ에서 합의된 기본요소를 기초로 수정하였으며, 과거 NATO 및 WTO 조약 대상국이 아닌 다른 국가들에게도 가입을 개방하였다. CFE-Ⅱ는 1차 조약에 비교해 투명성 측면에서 규정을 강화하였고, 당사국들은 군사력에 대한 더 많은 정보를 제공해야만 했으며, 의무적인 사찰도 더 많아졌다.

CFE-Ⅰ과 CFE-Ⅱ의 진행결과를 평가해보면 다음과 같다. CFE 조약은 재래식 무기의 감축방법을 제시하고, 이행에 대한 의무를 부과하는 등 유럽의 군사적 긴장을 완화시키는데 기여하였다. CFE 조약은 서방측

---

124 1955년 5월 14일 폴란드 바르샤바에 모인 동구권 국가 8개국이 결성한 군사 동맹 조약 기구로서, 1985년 4월 26일에 조약의 유효기간을 20년 연장하였으나, 동구권의 붕괴와 더불어 1989년 헝가리와 루마니아가 탈퇴하고 1990년 독일이 통일하면서 동독과 폴란드가 탈퇴함과 동시에 1991년 중심 국가인 소련이 해체되어 이 조약이 유명무실해졌으며, 마침내 1991년 7월 1일 프라하에서 열린 모임에서 이 조약은 해체를 선언했다.

125 전성훈, 『90년대 이후 유럽 재래식 군비통제 협상 및 시행과정 연구』 (서울: 통일연구원, 2004), pp.70-71; 남만권, 앞의 책, pp.161-162.

과 동방측의 군사력을 균등화시키는 역할을 하고 이를 제도화함으로써 군비감축의 기반을 구축하였으며, 유럽에서의 기습공격에 의한 무력침공의 능력을 감축시키는 역할을 하였다. 적대 국가 간 군사력에 대한 정보를 공개하고 사찰의 이행을 의무화함으로써 군사활동에 대한 투명성을 증가시켰다. 소련의 일방적인 감축으로 협의가 더 쉽게 이루어질 수는 있었지만, 장기적으로 유럽의 안보질서에 긍정적인 영향을 주었다.

(3) 유럽의 군비감축 사례 교훈

유럽의 군비감축은 신뢰구축 중심인 운용적 군비통제와 군비감축 중심인 구조적 군비통제의 2개 분야가 조화를 이루어 추진되었다. 군사적인 신뢰구축을 주요 관심으로 하는 유럽안보협력회의(CSCE)는 제2차 대전 이후 혼란스러운 유럽의 질서를 정립하고 기습공격으로부터 위협을 축소 시키기 위하여 조직이 구성되었으며, 헬싱키 최종합의서에서 스톡홀름 협약 및 비엔나 협약까지 유럽의 동부와 서부의 국가 간 적대적 상황에서 화해 분위기로 전환하는데 크게 기여하였다. 특히, 유럽안보협력회의의 지속적인 추진은 유럽재래식무기협상(CFE)이 지향하는 군사력 감축과 상대의 공격적 위협을 감소시키는데 크게 기여하였다.

유럽의 재래식 무기와 병력감축은 상대국과 협상방법 및 기술에 있어서 아시아 지역에서 활용할 가능성이 있다. 유럽에서 조성된 신뢰구축 측면의 CSCE와 군비감축 측면의 CFE는 양 조직 간 보완적인 형태로 추진되면서 상대국 간 군비감축을 촉진할 수 있었다. 즉, 유럽에서 평화적인 형태의 CSCE가 형성되고, MBFR 및 CFE 조약에 영향을 미침으로써 군비감축이 진행될 수 있었다.[126] 따라서 유럽에서의 군비감축은 신뢰구축의 조직과 군비감축의 제도가 상호 연계하여 상승작용이 형성된 것이다.

---

126 한용섭, "한반도 안보문제에 대한 군비통제적 접근", 『국제정치논총』 제49집 5호 (2009), p.108.

협상은 국가 간 이익이 있어야 가능하다. MBFR은 NATO와 WTO 간 상호 이익에만 몰두하여 제안함으로써 실패로 결말을 맺었다. 그러나 CFE는 서유럽의 안전과 동유럽 및 소련의 경제발전 필요성에 대하여 양측 모두 이익이 있었기 때문에 조약도 성공적일 수 있었다. 소련은 독일의 통일문제가 협상의 중요한 요소였다. 독일의 통일로 소련에 위협이 되지 않는 수준의 전력 감축이 필요하였다. 서방측은 소련의 재래식 전력 우위에 대해서 우려하였다. 따라서 서방측은 통일 독일의 병력을 37만으로 한정할 것을 약속하고, 소련은 재래식 무기에서 서방측이 요구하는 상한선에 공조함으로써 상호 위협 요소를 제거하고 이를 통해 각각의 이익을 달성할 수 있었다. 특히, 소련과 동구권은 군사력에 투자되는 자산을 경제로 전환시키는데 관심이 집중됨으로써 서방측에서는 이 부분을 이용하여 군사력 감축을 강하게 밀어붙일 수 있었다.

군비감축의 협상에 대한 성패는 정치적 결단이 크게 영향을 미친다. 1970년대부터 시작된 유럽의 군비감축은 1980년대 고르바초프가 집권하면서 정치적으로 개혁과 개방을 강행하고 군사적으로 공격이 아닌 방어적 전략을 채택함으로써 협상의 진전이 급속하게 빨라지고 군비감축에 긍정적인 영향을 미쳤다. 소련의 수반인 고르바초프에 의한 정치적 결단은 각국이 양보하기 힘든 제안들을 미국 대통령과 정상회담을 통해 쉽게 풀어나갈 수가 있었다.

군비감축은 상대하고 있는 대상 국가 간 일대일로 이루어진 사례는 보기 힘들다. 군비경쟁으로 인한 1개 국가의 군비증강은 상대국가는 물론 주변 국가까지 안보위협을 느끼게 만들고, 결국 상대국가와 주변 국에게 군사력 증강을 초래하게 된다. 반대로 1개 국가가 군비경쟁에서 벗어나 군사력을 감소하면 상대국과 주변 국에게 위협을 제거 및 축소함으로써 군비감축을 유도할 수 있다. 그러므로 군비경쟁과 군비감축의 문제는 대상 국가뿐만 아니라 주변 국가로 확대되어 지역 및 국제적인 영향으로 확대될 가능성이 높아 진다. 특히, 한반도와 같이 주변의 불편한 국가와 인접해 있는 경우에는 많은 영향을 받게 되므로 한반도를 둘러싼 주변 국가들은 물론 영향력을 발휘할 수 있는 국제기구들과 기구에 가입된 국가들을 유기적으로 협조할 필요가 있다.

2) 미·소의 군비감축 사례

제2차 세계대전은 1945년 미국이 일본의 본토에 원자폭탄을 투하함으로써 사실상 종료되었다. 미국의 압도적 우위에서 시작한 핵무기 전력은 2차대전 이후 1960년대 초반까지 양과 질적인 부분에서 지속되었다. 이러한 사례는 1962년 쿠바사태 발생 당시 미국과 소련이 전쟁 직전의 위기에서 미국의 위협으로 소련이 쿠바에서 철수함으로써 전쟁을 예방한 것에서 알 수 있다. 소련도 핵전력을 상당량 확보하고 있었지만, 미국의 질적 · 양적 능력에 비교하면 상대적으로 미약하였다. 소련이 미국 본토에 핵무기로 공격할 경우 미국은 소련 본토에 대하여 확증파괴 할 수 있는 압도적 우위의 능력을 확보하고 있었다. 소련은 쿠바사태 이후 핵무기의 상대적 열세를 인식하고 미국보다 우위의 전력을 확보하기 위하여 핵 군사력 강화에 집중하였다. 소련의 핵전력 강화 결과로 1960대 후반부터는 양과 질적인 면에서 미국과 대등한 전력을 확보할 수 있었다. 미국과 소련이 핵전력에서 능력을 비슷하게 유지하였다는 것은 소련 역시 미국에 대하여 핵무기로 보복할 수 있는 능력이 갖추게 되었음을 의미한다. 미국과 소련의 양국에서 핵전쟁이 일어나면 인적 물적 피해는 상호 회복할 수 없는 수준으로 파괴될 수 있다. 이러한 상황을 인지한 미국과 소련은 더는 핵무기 증강에 의한 경쟁이 무의미함을 인식하여 상호 핵전력을 줄일 필요성을 느끼고 감축을 위한 협상을 시작하였다.

(1) 전략무기제한협정(SALT)

① SALT-Ⅰ

전략무기인 핵무기는 1950년대 일반적인 군비감축 무기대상으로 포함되어 있었으나 1964년 제네바에서 개최된 군축위원회(ENDC)에서 미국의 주장으로 일반무기와 구분하여 별도로 다루어지기 시작하였다. 핵무기의 경우 1960년대 이후 소련의 능력이 확대됨으로써 1966년 모스크바에 탄도미사일요격체계(ABM)을 먼저 배치하였다. 미국은 소련에 뒤이어 1967년 ABM의 배치를 시작하였으며, 장거리 미사일은 미국이 앞섰다.[127] 즉, 소련은 지상에서 발사하는 대륙간탄도미사일(ICBM)과 해저에서 발사하는 잠수함발사탄도미사일(SLBM)에서는 미국보다 우세한 위치에 있었으며, 미국은 핵탄두 수에서 소련보다 앞서 있었다. 핵무기의 수와 능력 등 여러 가지 면에서 비대칭적 성격이 나타남으로써 전략무기에 대한 균형이 달성되지 못했고 상호 위협을 느끼게 되었다. 미국은 소련의 급격한 핵전력 증강에 대하여 위협을 느끼면서 소련에 대하여 전략무기에 대한 제한 협상을 요구하였다. 1968년부터 헬싱키와 비엔나에서 협상이 진행되고 1972년 5월에 미국과 소련이 쌍방 간에 서명함으로써 1972년 10월에 전략무기제한협정(SALT-Ⅰ: Strategic Arms Limitation Talks Ⅰ)을 발효시켰다.[128]

그러나 SALT-Ⅰ 협상의 가장 큰 쟁점은 전략무기로서 협상 초기에 소련은 자국의 영토에 타격할 수 있는 미국과 서구의 모든 무기체계를 전략무기로 간주하였으며, 미국은 미 · 소간의 문제로 국한된 대륙간탄도미사일로 한정하여 협상할 것을 제안함으로써 이견이 있었다. 이후 양

---

127 국가안보전략연구원, 앞의 책, pp.175-178.

128 The United States Arms Control and Disarmament Agency, Arms Control and Disarmament Agreements (Washington, D.C., 1982), pp.132-136; SIPRI, World Armament and Disarmament: SIPRI Yearbook 1984(London and Philadelphia: Taylor & Francis, 1984), p.638.

국은 상호 협의하여 현 수준에서 실전 배치하였거나 제작 중인 모든 지상의 고정식 ICBM과 SLBM의 총합한 수량을 5년간 동결하기로 합의하였다.[129]

SALT-Ⅰ은 미국과 소련이 핵무기의 경쟁으로 인한 전략무기의 증강을 멈추기 위하여 수적 상한선을 설정하는 것으로 합의하였으나, 다탄두 미사일 체계와 고성능 폭발력 그리고 향상된 명중률 등 핵무기의 기술적 경쟁으로 실질적인 핵무기 군축에는 성공하지 못하였다. 역으로 분석하면 핵무기의 또 다른 경쟁인 기술적 발전을 저지하지 못하였지만, 협정에서 선정한 핵무기의 상한선을 유지함으로써 핵무기의 군축 가능성을 보여주었다는 사실에 의의가 있다.

② SALT-II

미국과 소련은 SALT-Ⅰ 협정을 체결하면서 전략적 공격무기에 대한 제한 협상을 지속 추진하기로 합의하고 그에 따라 SALT-Ⅱ 협정을 논의하기 시작하였다. 협상의 중점은 무기체계와 범위, 전략핵무기 운반체의 수적 균형, 무기의 질적 제한 등에 두었다. 그러나 양국은 전략적 핵무기에 대한 비대칭이 있었다. 즉, 미국은 전략폭격기의 수와 기술적인 면에서 우세하였으며, 소련은 ICBM의 수적인 면에서 우세하였다. 미 · 소의 이러한 전략무기의 비대칭성은 전략적 균형을 달성하는 데 매우 어려웠다. 1974년 미 · 소 정상회담에서 핵무기의 전략운반체 상한선을 2,400기, 다탄두 미사일의 수는 1,320기로 제한할 것을 논의하고, 1975년에 협상을 진행하였으며, 1979년 6월에 SALT-Ⅱ 협정을 결의했다. 그러나 이 협정은 미국의 상원에서 소련이 아프가니스탄 침공을 이유로 인준을 거부함으로써 법적 효력은 발생하지 못하였다.

SALT-Ⅱ 협정은 전략무기의 균형과 검증의 문제를 해결하지 못했

---

129 김관봉, "미 · 소 전략무기 통제협상의 문제점 및 전망", 경남대학교 논문전집 제15호, (1986), pp.169-170.

다. ICBM의 대형화와 명중률 면에서 소련이 미국보다 우위에 있음을 지적하고 전략적 균형이 이루어지지 않았다는 것이다. 검증의 문제는 초과되는 핵무기의 해체 및 파괴 그리고 신규 무기체계에 대한 검증에서 검증수단의 부족과 양국의 현장검증에 따른 기술의 노출을 꺼림으로써 상호 검증이 불가능하였다. 이러한 상황이 지속되자 1986년 미 국방장관이 소련의 계속되는 신형 미사일의 개발과 검증에 대한 불신으로 더는 협정을 지속할 수 없음을 선언함으로써 사실상 SALT-Ⅱ 협정은 종결되었다.

(2) **중거리 핵전력 조약**(INF)

1960년대 말 미국과 소련 양국 간에 상호확증파괴가 가능한 수준의 핵무기 전력 평형이 이루어지자 미국과 소련은 새로운 중거리 핵전력 개발을 지속하였다. 소련이 먼저 1977년 최대 사거리 5,000km에 달하는 신형 중거리 탄도미사일인 SS-20을 배치하기 시작하였다. SS-20은 서유럽 전 지역을 공격권에 포함 시킬 수 있는 압도적 수준의 무기체계였으며, 서유럽이 소련의 위협 아래 놓이는 상황이 되었다. SS-20은 전략무기였지만, 미국의 영토를 위협하지는 않았고 SALT 협정에도 해당하지 않아 소련은 군비통제의 제약 없이 SS-20을 생산 및 배치할 수 있었다.[130]

SS-20의 배치로 서유럽은 소련의 재래식 무기에 이어 핵무기까지 소련의 위협을 우려하며 NATO 회원국 차원에서 미국의 대응을 요구하였다. 미국은 소련의 SS-20에 대응할 수 있는 2종의 중거리 핵전력 설치를 제시하였는데, 하나는 사거리 2,500km인 '그리폰'이고, 또 하나는 사거리 1,800km인 '퍼싱-2' 탄도미사일 이었다. 이 2종의 미사일을 서유럽에 배치했을 때 모스크바를 포함한 우랄산맥 서부의 소련 주요도시를 공

130 김재엽, "냉전 후기 유럽의 중거리 핵전력(INF) 경쟁과 한국 안보에 대한 함의", 군사 제101호, (2016), pp.51-52.

격할 수 있는 거리로서 소련의 SS-20보다 사거리는 짧지만, 억지력을 발휘할 수 있는 수준의 전력이었다.

미국과 소련 양국이 중거리 핵전력에 대한 추가적인 배치를 하지 말 것을 제안하며 1981년부터 협상을 시도하였다. 하지만 미국이 서유럽 국가들의 안보를 보장하기 위해 1983년부터 2종의 미사일을 배치하기 시작하자 소련은 바로 협상을 중단하였다. 중단된 협상은 소련의 개방·개혁을 주장한 고르바초프가 새로운 권력을 장악하면서 다시 시작되었다. 미국과 소련은 1986년 10월 정상회담에서 유럽의 장거리 핵전력 미사일 탄두를 완전폐기하고 세계적으로는 100기로 제한하는 데 합의하였다.[131] 1987년 12월에는 양국이 보유한 500~5,000km의 중거리 및 단거리 미사일을 모두 폐기하는 것을 핵심으로 하는 중거리 핵전력 폐기 조약(INF: Intermediate-Range Nuclear Forces Treaty)을 체결하였다. 그리하여 미국은 그리폰 및 퍼싱-2 탄도미사일 등 436기를 소련은 SS-20 미사일과 장착된 핵탄두를 모두 폐기하였다.[132]

미국과 소련은 INF에서 상호 철저한 검증을 약속하고, 상호감시 수단의 활용과 정보수집 수단의 활용을 허용하며, 특별검증위원회를 설치하여 실질적인 검증을 수행하였다.[133] 이러한 사찰은 조약기간 동안 양국을 합하여 총 851회에 걸쳐 추진됨으로써 중거리 핵무기 2,000 여기를 폐기할 수 있었다. 이 조약의 진행으로 미국과 소련의 중거리 핵전력은 균형을 회복하였고, 소련의 적극적인 참여로 유럽의 핵 군비감축의 성공적인 협상이 이루어지게 되었으며, 향후 진행되는 START 협정에 좋은 길잡이가 되었다.

131 김경수, 『비확산과 국제정치』 (서울: 법문사, 2004), p.31.

132 이강석, 『미 · 소 군축협정의 전망』 통일문제연구원 제1권 제2호 (1989), p.242.

133 한용섭, 『한반도 평화와 군비통제』 (서울: 박영사, 2015), pp.185-188.

(3) 전략무기감축협상(START)

1981년 미국의 레이건 대통령은 취임하면서 미국이 핵무기의 전략적 공격력에 있어서 소련에 비교해서 불균형에 있다고 판단하고, 효력이 없는 SALT-Ⅱ의 불리한 협정을 대체하는 새로운 핵무기 감축 협정인 전략무기감축협상(START)을 제시하였다. 레이건은 미국과 소련의 전략적 관계에서 불안정을 조성하는 핵탄두와 탄도미사일 등 전략무기를 단계적으로 감축하는 군축협상을 제시함으로써 미국과 소련이 동등한 제한을 받자고 하였다. 이 제안은 SALT-Ⅰ의 후속 조약이라고 할 수 있다.[134]

그러나 START의 미국과 소련의 제안은 핵무기 대상과 감축의 수량에서 차이가 있었다. 미국은 소련이 강세인 ICBM 발사기 및 ICBM에 장착된 핵탄두 및 폭발력을 미국과 소련이 동등한 수준에서의 감축을 제안했고, 소련은 전략적 핵무기를 1,800기로 상한선을 두고 제한하는 제안을 하였다.[135] 소련은 미국이 ICBM을 의도적으로 감축하기 위한 것으로 판단하여 미국의 제안을 받아들이지 않았고, 미국도 소련이 제안하는 안을 수용할 경우 미국의 주요 자산인 중폭격기를 배치할 수 없으므로 반대하였다.

START는 핵무기의 전략적 균형에 대하여 미국과 소련의 근본적인 차이로 협상 진전이 없었으나, 1985년 고르바초프가 정권을 잡고 6년 후인 1991년 7월에 와서야 조약을 추인하고, 명칭을 START-Ⅰ으로 정하였다. [136] 그러나 이 조약은 비준이 되기 전 소련의 붕괴로 1994년 12월이 되어서야 발효가 되었다.

소련의 붕괴 후 1992년 러시아의 대통령 옐친은 미국 대통령 부시와의 정상회담에서 새로운 START를 출범하여 1993년 1월 START-Ⅱ

---

134 김관봉, 앞의 책, pp.178-179,

135 Stockholm International Peace Research Institute, "The Arms Race and Arms Control" Taylor & Francis, (1982), pp.91-92.

136 이철기, " 군비통제 및 군축협정 용어 해설", 『전략연구』 (1994), p.196.

를 체결하였다. 2차 협정은 1차 협정보다 핵무기의 수량적 측면에서 보유 수량을 1/3까지 낮추는 것에 합의하였다. 그러나 이 협정은 소련의 핵 폐기에 대한 경제 및 기술적 문제와 탄도미사일 방위와 관련한 대립으로 START-Ⅱ는 발효되지 못하고 중단된 상태에 있다. START-Ⅱ는 발효되지 못하였지만 중거리 핵전력(INF) 폐기 협정과 더불어 전세계의 핵 위협에 대한 공포를 제거하는데 중요한 진전으로 평가하고 있으며, 2010년에는 'New START'를 체결하여 2021년까지 협정을 지속하고 있고, 미국의 트럼프는 2020년 'NEW START'의 연장을 통한 핵 군비감축 협상을 러시아와 중국에 여러 차례 제의하였다.[137]

(4) 미 · 소의 군축협상 평가

1960년대 후반부터 미국과 소련이 핵전력에서 유사한 수준을 유지하게 되었고, 핵으로 인한 상호확증파괴로 공포의 균형을 이룸으로써 핵무기 증강의 의미가 없음을 인식하고 핵무기의 수량을 줄이는데 뜻을 같이하게 되었다. 이에 미국과 소련은 핵무기를 통제하고 감축하기 위한 대화와 협상을 시작하였다. 특히 소련은 고르바초프의 등장으로 1980년대 이후 핵무기를 감축하고 폐기하는데 급격한 전환점이 되었다.

고르바초프의 신사고에 의한 군비감축에 대한 양보는 소련의 국내경제 악화와 미국의 군사력 우위에 대한 대안으로서 우회적인 선택으로 판단된다.[138] 미국이 직간접적인 군사적 압력으로 군비경쟁에서 군비감축으로 전환하게 된 사례는 군사력을 증강하고 있는 다른 지역에서도 군비감축의 좋은 사례로 적용할 수 있을 것이다. 〈표 3-6〉은 미국과 소련의 핵전력에 대한 감축의 사례를 협정체결 및 발효시기, 협정의 주요내

---

137 김재중, "트럼프, 푸틴과 전화통화 … '미 · 중 · 러 3자 군비경쟁 피하고 싶다'", 『경향신문』 https://news.zum.com/articles/61653216(검색일자: 2020년 8월 1일).

138 엄태암, "동북아 다자안보협력체제 구축 방안", 『KRIS 창립 기념논문집』 (2017), p.565; 김태현, 앞의 책, p.11,

<표 3-6> 미 · 소의 핵무기 감축 사례 비교

구 분	체결시기	발효시기	주요내용	평 가
SALT-I	1972. 5	1972. 10	• ICBM 및 SLBM을 총합한 수량의 동결 • 핵탄두 수 무제한	• 핵무기 상한선 유지 • 핵무기에 대한 수량 축소 의지 표명
SALT-II	1979. 6	발효되지 않음	• 핵무기 운반체계의 상한선 2,400기로 동결 • 장거리순항미사일 수량 1,320기로 상한선 고정	• 각 국의 검증 불신으로 군비감축 이행 제한
INF 폐기	1987. 12	1988. 6	• 500~5,000km의 중거리 및 단거리미사일 전량폐기	• 검증체계 향상 • 중거리 핵 2,000여기로 축소 및 폐기
START-I	1991. 7	1994. 12	• ICBM과 SLBM의 핵운반도구 수 1,600기와 탄두 수 6,000기로 축소	• 핵 전력에 의한 위협 감소 및 소멸 • 핵전력이 실질적인 축소를 위한 발판 마련
START-II	1993. 1	발효되지 않음	• 핵무기 보유 1/3로 축소 • 전략 핵무기 탄두 수 3,500기로 상한선 고정 • SLBM 1,750기로 상한선 고정	

용 그리고 협정에 대한 평가를 정리한 것이다.

2. 한반도 군비감축 사례

한반도에서는 6.25 전쟁 이후 당시 병력 규모 대비 대규모 병력감축이 있었다. 6.25 전쟁 당시 남북한의 병력은 북한이 20만 명이었고, 남한이 10만 명 수준이었는데, 병력감축은 1956년으로부터 1960년 사이에 북한 측에서 8만 명, 남한 측에서 12만 명으로 남한이 상대적으로 더 많

은 병력을 감축하였다.[139] 북한이 병력감축을 제시하고 실천에 옮긴 것은 경제적인 어려움과 국제적으로 평화 이미지를 홍보하고 과시하려는 측면이 있었으며, 남북한 모두 전쟁 이후 전체 국민 대비 병력 규모가 과다한 것에 대하여 비전시 상태에서 병력을 줄일 필요성을 인식하였기 때문이다. 그러나 1960년대 이후 남한과 북한은 전쟁으로 인한 경제적 어려움과 재건의 필요에도 불구하고 군비경쟁과 군사력 증강을 지속하였다. 1980년대부터 대화와 회담을 통해서 신뢰구축과 군비감축을 시도하였지만, 실질적으로는 대외적인 홍보와 과시적인 측면이 강하였다. 1990년대부터는 소련을 비롯한 동구 공산권 국가들이 사회주의를 벗어나 소련으로부터 분리 독립하는 상황이 발생하자 북한에서는 위기의식을 느껴 남한과 합의하에 1991년 '남북기본합의서' 및 '한반도 비핵화 공동선언'을 끌어내기도 하였다. 그러나 남북기본합의서와 비핵화 공동선언 등 일련의 활동들은 세부 행동으로 발전되지 못함으로써 서류상 형식에 그치게 되었고 한반도에서의 실질적인 군비감축 사례는 찾아보기가 쉽지 않다.

1) 남북한 군사 관련 합의서

북한은 군비감축과 관련된 제안을 간헐적으로 제시하였지만 비교적 실현 가능성이 있는 제안은 1980년대 후반 부터였다. 1988년 11월 고위급 회담을 제안하면서 '포괄적인 평화방안'을 제시하였다. 북한의 이러한 변화는 소련 고르바초프의 개혁과 개방에 영향을 받게 된 것으로 보인다. 한편 남한에서도 공산권 국가들의 붕괴와 냉전체제의 해체를 계기로 공산권 국가들과 수교를 위한 북방외교에 관심을 가지고 정책을 추진하였다. 이러한 분위기를 타고 1990년 9월부터 남북한 고위급 회담을 시작하게 되었고, 1991년 9월에는 남북한이 유엔에 동시에 가입하였다. 남

139 함택영, 『국가안보의 정치경제학: 남북한의 경제력 · 국가역량 · 군사력』 (서울: 법문사, 1998), pp.363-364.

한과 북한의 잦은 고위급 회담의 결과로 1991년 12월 남북한 기본합의서를 채택하였으며, 기본합의서의 주요사항은 남북한 상호 체제인정과 상호불가침, 교류 및 협력 확대 등이 포함되었다.[140] 1992년 9월에 열린 제8차 남북고위급회담에서 남과 북 양측은 남북기본합의서 이행과 관련한 3가지 부속합의서에 서명했다.

그러나 남한과 북한의 합의 주요내용을 시기별로 보면 연속성이 없었다. 1990년대에는 냉전시대 종료와 병행하여 화해 분위기의 일환으로 추진된 후 2000년과 2007년에 합의 과정이 있었고, 2018년에 와서야 다시 회담이 진행되었다. 시기 면에서는 남측의 정권에 따라 남북의 관계가 달라졌다. 회담이 이루어진 시기는 주로 진보정권 시기에 이루어졌으며, 보수정권 시기에는 북한 핵실험의 영향도 있었겠지만 잦은 돌출행동과 약속의 불이행으로 대화가 진전되지 못하였다. 결국 남북의 군사문제를 포함하여 남북의 교류와 합의는 정치적 영향을 크게 받았음을 알 수 있다. 그러한 과정에도 불구하고 2000년 6.15 공동선언에서는 경제적 실리추구와 관련하여 경제적 문제로 남북 간 합의 가능성을 보였으며, 과거 북한의 평화협정 제안에서 미군 철수 및 군사위협 제거에 중점을 둔 북한이 남한 배제가 아닌 남한과 단독 또는 미국과 3자회담을 하자는 내용도 있었다.[141] 그러나 세부내용에서 상호 제시한 의제는 근본적으로 차이가 있다.[142]

2018년 4월에 이어 9월에 실시한 합의에서는 비무장지대에서의 GP 철수, 공동 및 평화수역 등 현실적인 합의를 도출함으로써 과거보다 진일보한 합의가 이루어진 경향이 있다.[143] 그러나 이러한 합의는 2000년

---

140 통일원, 『남북 기본합의서 해설』 (서울: 통일부, 1992), pp.30-32.

141 함택영, 앞의 책, pp.12-13.

142 김진아, "한반도에서의 군사적 신뢰구축과 육군에 주는 함의", 『전략환경 변화에 따른 한국 국방과 미래 육군의 역할』, 서강육군력 총서 4, 이근욱 역, (서울: 서강대학교 육군력연구소, 2019), pp.144-145.

143 한국국가전략연구원, "KRINS 정책토론회 결과보고서", 『한국국가전략연구원』 (2018),

6.15 선언에서 제시한 바와 같이 군사문제는 미국과 협상하고, 경제는 남한과 협상하는 2분법적 구도를 반복하는 모습을 보임으로써 북한의 근본적인 변화는 없었다. 앞으로도 이러한 상황은 반복될 수 있으므로 남한에서도 접근방법을 달리할 필요가 있다. 즉, 남북한의 합의과정에서 북한을 설득하여 미군의 주둔 필요성을 이해시키거나, 주한미군의 역할 및 임무를 조정할 수 있음을 제시하여 협상력을 증진시키는 방안을 고려할 필요성이 있다.

2) 남북한 군비감축 분석

(1) 남북한 군비감축 제안

한반도에서 군비감축은 실질적으로 행동화되지 않고 있지만, 간헐적으로 상호 제안을 하고 있다. 남북기본합의서와 이를 추진하기 위한 부속합의서 및 군사회담 등에서 제시한 내용을 토대로 남북의 군비감축 제안을 정리할 수 있다. 북한은 기본원칙을 바탕으로 남한에 주둔하고 있는 미군 철수를 전제조건으로 제시하고 있으며, 군비축소의 일방적 안을 제시했었다. 남한은 전제조건 없이 신뢰구축을 우선하고 이후 군사적 측면에서 군비감축을 추진하는 안을 제시하고 있다. 북한은 미군의 남한 주둔이 신뢰구축과 군비감축에 방해가 된다고 판단하고 끊임없이 미군의 한반도 철수를 요구하고 있다. 남한은 북한이 6.25 전쟁 이후 언제든지 남한을 침략할 수 있다는 상시적인 위협으로 인식하기 때문에 신뢰의 구축을 우선하는 것이다.

신뢰구축 측면에서 북한은 우선 한 · 미 군사훈련의 중단을 제안하고 그 다음에 비무장지대의 평화지대화, 양국의 군사 직통전화 설치, 군사 공동기구 구성 및 공동위원회 운영 등을 제안하고 있다. 남한은 신뢰구

p.11.; 박영석, "국방부'남북, 11월부터 지상 · 해상 · 공중 적대행위 전면 중지'", 『경향신문』 https://m.news.zum.com/articles/48563505(검색일자: 2020년 9월 18일).

축을 우선하기 때문에 군 인사의 상호방문교류, 군사정보의 상호공개 및 교환, 군사훈련의 사전통보 및 참관, 군사 직통전화 설치, 군사공동위원회 운영, 비무장지대의 평화적 이용 등을 제안하였다.[144] 양측의 제안을 보면 비무장지대의 평화지대 조성과 군사 직통전화 설치 그리고 군사공동위원회 운영 등 여러 가지 공통점이 있음을 알 수 있다. 이러한 공통점을 토대로 그동안 현실적인 측면에서 접근하여 부분적으로 추진하고 있으며, 2018년에는 정상회담을 통해서 공동 유해발굴 및 한강하구 공동이용 수역 설정 그리고 서해 평화수역 · 공동어로구역 합의 등 보다 구체적인 접근방법으로 신뢰구축을 추진했었다.

군비감축 측면에서 북한은 군사력을 단계적으로 감축하고자 하였다. 즉, 3~4년의 짧은 기간 내에 단계적(30만 → 20만 → 10만)으로 병력을 감축하고, 병력을 감축할 때 무기도 상응한 숫자로 축소 및 폐기할 것을 주장하였다. 그리고 재래식 무기의 질적 개선과 수입을 염두에 두고 무기의 개량과 해외의 군사기술 및 무기의 수입을 금지할 것을 제시하였다. 남한은 북한의 남침 의도와 공세적 전력을 염두에 두고 공격과 기습 가능한 무기를 먼저 감축하고, 남한에 비교해 상대적으로 우위를 확보한 병력 수를 남한의 수준으로 줄이며, 무기와 병력의 수를 동시에 감축하여 남한과 상호 동수 또는 균형을 유지하고자 하였다. 남한은 추가하여 양측의 군사력을 남북통일의 상황에서 양측이 합의하여 감축하고, 핵무기와 생화학무기를 포함하여 제거할 것을 제시하였다.[145] 최근 남한과 북한의 협의 및 대화가 잦아진 결과로 상호 신뢰구축과 군비감축 측면에서 일부 공통적인 분야를 도출하기도 하였다. 2018년 정상회담과 판문점선언을 통하여 남북한 간 완충구역을 설정하고 우발적인 충돌을 방지하며, GP의 시설로부터 무기 및 병력의 시범철수 등을 통해서 일부 분야에서

---

144 한용섭, 앞의 책, pp.250-251; 남만권, 앞의 책, pp.208-304.

145 류재갑, "남북한 군비통제안의 비교와 대안적 접근", p.492; 한용섭, 앞의 책, pp.250-251; 남만권, 앞의 책, pp.208-304.

군비감축의 시도가 있었다. 그러나 남북의 적대관계를 개선 시킬 수 있는 이러한 합의는 남북의 군사분야 대화가 단절되고 유해발굴이 남측지역 일부에서만 이루어짐으로써 실질적인 추진이 제한되고 있다. 더욱이 2019년 11일 23일 사격금지 구역인 서해안 북방한계선 10km 거리에 위치한 '창린도'에서 해안포 사격을 하는 등 9.19 군사합의 사항을 위반하는 돌출행동을 지속하고 있다.

(2) **남북한 군비감축 분석**

북한측 군비감축 특성을 살펴보면 신뢰구축보다 군비감축에 우선을 두면서 2개 측면을 동시에 추진하는 포괄적 개념을 적용하고 있다. 군비감축의 실행 측면에서 분석하면 북한이 3~4년의 짧은 기간 내에 병력을 30만 수준으로 감축하는 주장은 기간의 지나친 단축으로 실행이 불가능하며, 북한의 불순한 의도가 내포되어 있음을 의심하지 않을 수 없다. 북한의 주장은 유럽에서 이행된 군비감축의 기간과 비교 시 지나치게 짧다는 것을 인지할 수 있다. 남한의 상황에서 정치 및 사회구조 특성을 고려하면 하나의 안건을 의제로 상정하여 합의하고 결정하는 기간을 고려하면 이 기간으로 불가능함을 알 수 있다. 병력감축의 단계적 부분에서 최종 단계의 10만 명 유지는 국가 안보적 차원에서 논리적 타당성이 결여된다. 남북의 통일 이후 주변의 비우호적인 잠재적 적을 염두에 두더라도 이 정도의 병력 수준은 고려할 수 없다. 군비감축에서 무기는 물론 병력 수에서 외부 세력으로부터 국토를 방호하기 위한 최소 수준의 방어능력을 갖출 수 있는 정도의 병력 수를 고려하여 판단해야 한다.

북한의 무기체계 분야에서 군비감축 제안은 남한에서 도발의 위협으로 인식하고 있는 공격 및 기습의 우려가 있는 무기체계가 감축 부분에서 제외되어 있다. 남한과 북한이 실질적인 군비감축을 추진하기 위해서는 공격 및 기습 가능한 무기에 대한 제안이 병행되어야 한다. 병력의 감축과 마찬가지로 무기의 감축에서도 상호 동의하는 수준에서 합의가 이루어져야 한다. 북한이 남한과 무기감축을 위한 협의를 이행하기 위해서는 기습공격이 가능한 무기를 감축하는 태도를 먼저 보여야 하며, 그 이후 감축 또는 폐기하는 무기체계의 대상을 선정하고 수량의 상한선을 설정하는 점진적 단계로의 접근이 필요하다.

남한과 북한은 주한미군 주둔과 철수 문제에서 첨예하게 대립하고 있다. 남한은 동맹을 맺고 있는 미군을 상주시킴으로써 북한을 포함한 잠재적인 적으로부터 방호할 수 있기 때문에 미군의 철수는 불가능한 입장이다. 북한은 6.25 전쟁 당시 미군으로 인해 침략이 실패한 것을 기억하고 있으며 지금은 미군을 군사적 위협으로 생각하여 미군의 한반도 철수를 지속하여 요구하고 있다. 북한은 미국이 핵실험에 대한 경제 제재와 군사적 압박 등으로 인하여 위협으로 인식을 할 수 있을 것이다. 남한은 북한의 핵 및 생화학무기와 기습공격 가능한 재래식 무기를 고려하지 않을 수 없으며, 빈번한 도발과 적화야욕을 고려할 때 미군의 한반도 철수는 불가한 상황이다. 남북한의 통일 이후를 가정하더라도 주변국의 잠재적 위협을 판단하지 않을 수 없으므로 미군의 철수는 별개의 사안으로 접근할 필요가 있다. 막연히 미군의 주둔을 주장하게 되면 북한으로서도 허용이 되지 않기 때문에 미군의 주둔을 다른 차원에서 접근해야 한다. 미군을 적대세력 또는 침략군으로의 인식에서 남북한의 군비감축을 위한 조력자로서 위협이 아닌 평화 유지군으로서 인지할 수 있는 전략의 개발이 필요하다.

남한은 북한과의 군비감축을 유럽에서 수행된 사례를 참고하여 점진적이고 단계적인 신뢰구축의 형태로 제안하고 있지만, 북한과 같은 호전적인 집단에 대한 대응은 다르게 접근할 필요가 있다. 군비감축은 북한의 요구수준과 같이 3~4년의 짧은 기간에 이행되기 어려우며, 6.25 전쟁 후 70년의 긴 기간 동안 수행하였던 신뢰구축 형성 후 군비감축으로 접근하는 방식도 북한의 빈번한 변화와 폐쇄성을 고려할 때 지나치게 장기화되는 것도 고려되어야 한다.

여러 가지 정책적 대안을 검토할 수 있겠지만 북한이 호응할 수 있는 획기적인 전략의 제시가 필요하다. 예를 들면 강력한 경제적 동기부여를 제공하여 양보를 끌어내거나, 미군의 주둔을 한국이 아닌 가까운 일본 등 지원 가능한 범위 내에 위치시키고 원거리 전력 위주로 보강하는 방안을 북한과 협조할 수 있다.[146] 남북한 군비감축 제안과 분석을 재정리하면 〈표 3-7〉과 같다.

<표 3-7> 남북한 군비감축 제안 및 분석 비교

구분	북한	남한	비고
기본 원칙	• 주한미군 철수를 전제로 제시 • 신뢰구축과 군비축소를 일괄적으로 추진	• 전제조건 없음 • 정치적인 신뢰구축 이후 군사적 신뢰구축 추진	• 상호 배타적 주장 • 기본원칙에 대한 재검토 필요
신뢰 구축	• 한·미 군사훈련 중단 후 군사적 신뢰구축 추진 • 군사력 불균형의 원인을 미군으로 판단	• 군사적 신뢰구축 우선 • 미군은 기습공격 예방을 위한 억제 수단으로 판단	• 군사적 신뢰구축 내용 유사 * 비무장지대 평화지대 조성, 군사직통전화 설치, 군사공동위원회 운영 등 • 미군의 주둔에 대한 공동인식 필요
군비 감축	• 3~4년 기간내 3단계 병력감축 * 30만→20만→10만 • 병력감축과 상응한 무기 병행 축소	• 공격 및 기습능력 전력 우선 감축 • 적정한 군사력으로 쌍방 균형적인 감축 • 무기감축에 따라 병력 수준 감축	• 상호 상이한 접근방법 적용 • 최소한의 방어능력 고려 후 감축 재검토 필요 • 기습공격 능력 감축 필요 • 병력·무기 동시 감축 필요

출처: 남만권, 앞의 책, p.299와 위 '남북한 군비감축 분석' 내용을 재정리하여 작성.

146 김구섭, "북한의 군비통제 정책 변화 전망과 남북한간 군비통제 협상 가능 시나리오", 『북한연구학회보』 2권 1호 (1998), pp.56-59.

3. 한반도 군비감축을 위한 접근방법

1) 군비감축에 대한 남북한 정책

남한과 북한의 군비감축 관련 과정을 살펴보면 1980년대 이전에는 형식적이고 대외 과시적인 차원으로 일관하다가 1990년대에 '남북기본합의서'를 비롯한 부속합의서를 통해서 구체화되기 시작하였다. 이후 2000년의 6.15 공동선언과 2007년 10.4 선언 그리고 2018년 판문점과 평양 정상회담을 통해서 군비감축에 대한 가시적인 논의를 시작하였다. 그러나 정상회담은 서면상의 체결이며, 이면에서 군비감축에 접근하는 인식과 접근방법은 실질적인 면에서 많은 차이가 있다.

(1) 북한의 군비감축 협상전략

북한의 노동신문 및 정부기관의 성명 그리고 남북한의 정보자료를 토대로 한용섭은 아래와 같은 군비감축의 목표를 추론하였다.[147]

- 궁극적 목표: 북한 방식에 의한 통일 달성, 북한체제의 생존보장
- 운용적 목표: 한반도의 정치 · 군사적 문제에 대한 미국의 영향력 제거, 남한의 안보를 저해하기 위해 미 군사력의 감축 및 철수의 촉진, 미국의 핵 억제력을 약화 또는 제거, 남한에 대한 군사력 우위의 유지

북한의 군비감축과 관련된 궁극적 목표는 북한방식에 의한 통일과 체제의 보장을 내포하면서 궁극적 목표를 달성하기 위하여 4개 항목의 운용적 목표를 제시하였다. 북한은 체제 유지와 북한식 통일을 달성하기 위하여 미군의 군사력을 제거하는데 한반도의 군비감축을 활용하고

147 한용섭, 『한반도 평화와 군비통제』, 앞의 책, pp.256-258.

있다고 볼 수 있다. 북한의 대표적인 협상전략은 핵무기 카드를 들 수 있다. 북한은 과거 핵 카드를 이용하여 한미 팀스피리트 연습을 중단시킨 사례가 있듯이 핵무기를 이용하여 북한의 이익을 달성하고 상대적으로 남한에서의 미군 철수 및 남한의 군비감축을 유도하는 협상전략을 적용하고 있다.

북한은 한반도에서 미국의 영향력을 제거 및 축소하기 위하여 미국과 안보문제를 협상하고, 남한으로부터는 경제적 협력을 얻어내는 양면전술을 쓰고 있다. 북한의 군비감축과 관련된 기본전략은 미 · 북간 문제로 간주함으로써 미국과 직접적인 군사회담을 통해서 미국의 군사적 위협에서 벗어나는 한편 남한에서 미국의 영향력 약화를 추구하는 전략을 추진하고 있다.[148] 북한은 남한에 대한 군사적 도발을 통한 긴장을 유도하면서 주한미군 철수와 미 · 북 평화협정의 체결을 끌어내려는 것이다. 이러한 의도는 최근까지 지속하고 있으며, 2019년 7월 27일 북한 노동당 부위원장인 김영철이 담화를 통해서 미군이 한국과의 합동연습을 완전히 중지할 것을 요구하는 데서 알 수 있다.

북한은 신뢰구축보다 정치 · 군사적 문제를 우선 해결하는 정책을 고수해오고 있으며, 단계적 타결보다 일괄적인 타결을 주장하는 전략을 추진하고 있다. 북한의 병력감축 우선 전략은 북한 방식에 의한 통일 달성이라는 궁극적 목표를 고려할 때 남한으로서는 상당한 모험이 요구되는 제안이며, 북한으로서는 평화적 군비감축이라는 대외적 과시효과를 얻을 수 있는 양면전술에 해당된다. 북한은 군비감축을 주장하고 있지만, 군비감축과 관련된 국제협약이나 체제에 가입하지 않고 있으므로 위장일 가능성이 높다.[149] 2019년 미 상원의원 외교위원회 청문회에서 동아태차관보 지명자 스틸웰은 "북에 여러번 속았지만, 이번엔 물러서지 않

148 이석호 "북한의 군비통제정책", 『국제정치논집』 제29집 9호 (1989), pp. 184-185.

149 최강, 앞의 책, p.100.

겠다"고 하면서 북한의 위장전술을 지적하였다.[150] 이러한 상황은 2019년 10월 10일 북한의 중앙당 책임일군 학습요강의 '웅대한 작전'에서 한반도를 일촉즉발의 상황으로 몰아가고 이에 굴복한 한국과 미국이 상황을 타개하기 위해 경제적 지원을 하며, 한미 양국 공조의 틀을 파괴한다는 학습 시나리오를 봐서도 알 수 있다.[151] 2020년에는 남한의 대북 전단 살포를 이유로 북한의 경제 제재 해제 또는 빈곤에 의한 내부의 불만을 잠재우기 위한 의도로 남북연락사무소를 폭파하고 남한을 위협하였으나 미군의 군사적 압력과 남한의 강력한 대응 자세를 취함으로써 돌발행동을 취소한 사례가 있다. 북한의 정치 · 군사적 문제 우선 해결의 배경은 국제사회와 남한의 일부 세력에게 선전활동으로 여론을 형성하여 남북 문제에 있어 주도권을 장악하고, 남한 내의 사회적 갈등을 획책하여 북한이 의도하는 방향으로 이끌고 나가려는 의도가 숨어 있다.

(2) **남한의 군비감축 협상전략**

한용섭은 유럽으로부터 재래식 군비감축 사례를 토대로 한반도의 군비감축 목표를 도출하여 적용하고 있다.[152]

- 궁극적 목표: 국가안보와 안전을 증진, 평화공존의 달성, 평화통일에 이바지
- 운용적 목표: 남북한 간의 군사적인 신뢰의 구축, 오해와 오판에 의한 전쟁의 방지, 기습공격과 전면전의 가능성 방지, 북한 우위의 전력 감소를 위한 비대칭적 군축 추진

---

150 "미 그동안 북에 충분히 속았다, 이것이 북핵폐기 출발점", 『조선일보』 2019년 3. 29일자, A39면.

151 주성하, "김정은의 '웅대한 작전' 시나리오, 서울과 평양 사이", 동아일보, 2020년 2월 20일, 29면.

152 한용섭, 앞의 책, pp.253-255.

남한은 국가안보의 증진과 평화공존을 달성하고, 궁극적으로 평화적 통일을 추구하기 위하여 4개 항목의 운용적 목표를 군비감축 전략에 적용하고 있다. 남한은 6.25 전쟁 이후 북한의 남침 의도가 바뀌지 않을 것이라고 판단하고, 신뢰구축의 선행이 우선하는 전략을 추진하고 있다.

김성한은 군비감축은 그 자체가 목적이 아니라, 국가안보의 한 수단으로서 전쟁위협 감소에 기본적인 목적을 두었다.[153] 이규열은 군비감축이 군사적 긴장을 완화하여 전쟁 발발위험을 감소시키고, 상호 군사력의 운용을 조정 및 통제하여 남북한의 평화공존 체제를 존속시킴으로써 평화통일 기반을 마련하는데 정책의 목표를 두고 있다.[154] 이처럼 남한의 군비감축과 관련된 학자들의 의견은 대부분 국가안보와 평화공존, 궁극적으로 통일에 최종적인 목표를 두고 있다.

남한은 남북이 서명하고 체결한 기본합의서를 준수하고 이를 토대로 군비감축을 추진하며, 나아가 평화공존체제를 구축하려 한다. 신뢰구축을 통한 군비감축의 이러한 기본전략은 1990년대 들어오면서 북한의 핵실험이 주요쟁점이 되어 남북한 주도의 재래식 무기 군비감축은 핵 협상 뒤로 남게 되었다. 이를 타개하기 위하여 2000년과 2007년 남북정상회담을 통해서 다시 시도하였으나, 북한의 계속되는 핵실험과 이에 대한 국제적인 관심이 핵 문제 위주로 접근함으로써 남북의 재래식 무기 군축 협상은 더욱 난관에 부딪히게 되었다.

남한은 남북 간 관계 개선을 통해서 군비를 감축하려는 본질에서 벗어나지 못하고 과도하게 의존함으로써 군비감축의 진전을 저해하고 있다. 신뢰의 구축은 안보문제의 핵심을 다루는 것이 아니라 주변의 사안에 영향을 미치고, 적대국 간 선의와 공동의 이해를 한다는 사실을 정치

---

153 김성한, "한반도 군비통제 관련 한미 간 협력방안", 『한국전략문제연구소』 (2003), pp.39-40.

154 이규열, "남북한 간 실질적 군비통제 방안", 『전략연구』 (1999), p.186.

적으로 입증하는 역할에 불과함을 인식할 필요가 있다.[155] 2018년 국방백서에서도 남한은 '판문점 선언'에서 먼저 군사적으로 긴장이 해소된 후 상호 군사적인 신뢰가 형성되고, 그에 따라 점진적으로 군비감축을 이행하기로 합의하였다. 이 내용은 '남북기본합의서'에서 합의한 남한과 북한의 군사적 신뢰구축과 관련하여 두 정상의 의지를 '판문점선언'을 통해서 확인한 것이며, 한반도에서 비핵화가 이루어지고 평화체계가 구축된 이후 대화의 진전에 따라 실질적인 평화보장을 위한 구조적인 군비통제로 점차 진행해갈 것임을 확인한 것이다.[156]

그러나 북한은 이와 같은 합의와 약속에도 불구하고 여전히 남한을 무시하고, 미국과의 협상에 치중하고 있다. 이제는 남한에서도 북핵 및 대량살상무기에 대한 억제정책이 필요할 때이다. 국제사회의 일원으로서 남한이 핵무장은 제한되겠지만, 핵 개발 능력은 갖출 필요가 있다. 핵 억제는 미군의 도움을 받고 있지만, 자체적 기술은 확보해야 할 것이다. 핵무장에 대한 의지와 기술력을 국제사회에 전파함으로써 북한에 대한 협상 조건 향상과 대남 군비감축 정책에 대응할 수 있고 주변국으로부터 적극적인 협력을 얻을 수 있을 것이다.

2) 군비감축의 제한요소 및 접근 가능성

(1) 한반도 군비감축의 제한요소

한반도의 군비감축 관련 접근방법은 유럽의 집단안보와 다자간 협상의 성격을 띤 것과는 다르게 양자 간 협상 위주로 진행하였다. 양자 간 협상은 다자간 협상에 비교해 의사결정이 빠르고 절차가 단순하여 군비감축의 성공적 요인이 높아 보이나 남북의 대치된 이념과 불신으로 양자

155 Johan J. Holst, "Confidence-Building Measures: A Conceptual Framework", Survival Vol. 25, No. 1 (January/February, 1983), pp.2-3.

156 국방부, 『2018 국방백서』, pp.213-214.

간 협상은 오히려 부정적 요인이 되고 있다. 남한과 북한은 군비정책에 있어서 과거와 현재에 큰 차이가 없다. 즉, 기본적인 군비통제 전략 및 정책이 변화가 없다는 것이며, 이러한 개념에서 남북의 상황이 지속하면 군비감축도 쉽지 않을 것이다.

무엇보다 큰 제한요인은 남북의 뿌리 깊은 적대감이다. 6.25 전쟁으로 인하여 남한은 부모형제와 재산을 잃고 공산주의 치하에서 악몽의 기간을 보낸 것을 잊지 못하고 있으며, 북한은 미군에 의해 목적을 달성하지 못한 것에 대한 심리적 불안감이 잔존하고 있다. 이로 인하여 남한은 북한의 기습공격 의도 및 공격전력에 대한 우려로 군비감축에 쉽게 접근하지 못하고, 북한은 주한미군 문제가 군비감축의 선결조건 임을 내걸고 끊임없이 미군의 철수를 주장함으로써 남한과의 직접적인 대화를 거부하고 있다.

사회주의와 민주주의로 대별되는 정치와 이념의 차이로 인한 원천적인 대립관계는 상호 신뢰의 결정적 장애요인으로 대두된다. 북한의 일당독재에 의한 정치구조는 판단과 결심에 있어서 속도가 빠르며 남한의 민주주의 체계는 판단과 결정을 넘는 합의 절차가 까다롭다. 따라서 북한의 짧은 기간에 요구하는 급격한 병력감축 등에 대한 군축을 남한은 수용할 수 없는 것이다. 사상적 이념에서 남한은 소련과 중국 그리고 북한 공산주의 행태를 이해하기 어려우며, 북한은 남한의 개방적 사회구조에 대한 북한의 개방을 두려워하고 있다. 이러한 상이한 정치구조와 이념에 기초한 이질성과 가치관의 차이는 신뢰구축과 군비감축을 어렵게 하는 요소로 작용한다.

협상 당사자와 관련하여 북한은 협상의 대상을 남한이 아닌 미국으로 생각하고 남한은 북한을 협상의 대상으로 생각하고 있다. 북한은 남한을 해방의 대상으로 생각하고 공존의 대상으로 보지 않는다. 즉, 군사적 주권을 갖지 못한 한국을 협상의 대상으로 여기지 않는 것이다. 북한의 이러한 기본적인 전제조건이 해결되지 않는 한 남북 간의 신뢰는 회복하기 힘들게 된다.

북한은 핵무기와 군사력을 대외적인 협상카드로 활용하고 있다. 김정은은 최근 트럼프에게 보낸 친서에서 "핵을 포기하지 않는 것이 부친의 유훈"이라고 밝히듯 북한은 생존과 국가이익을 위해 결코 핵을 포기하지 않을 것이다.[157] 북한은 핵을 포함한 대량살상무기에 대한 증강 정책을 추진하고 있으며, 이러한 사실은 북한의 지속적인 핵 및 장거리 탄도미사일 실험과 최근 평양 부근 '신리' 일대에서 화성 15의 개량형 ICBM 시설을 구축하고 있는 것을 보면 알 수 있다. 북한은 정치 · 경제적으로 불리하거나 돌파구가 필요할 때마다 핵실험 또는 국지적 침략행위를 통해서 해결하고 있다. 북한의 이러한 전략적 사고에 변화를 주지 않으면 군비감축은 가장 큰 제한요소로 작용할 것이다.

남한의 선 신뢰구축을 통한 군비감축 제안을 북한이 받아줄 의지가 없다면 비현실적이고 이상적인 군비감축 정책이다. 제5차 남북고위급회담에서 남한은 군비감축에 있어서 점진적 · 단계적 접근이 국제적으로 공인된 절차라고 설명한 데 대하여 북한은 군비감축이 신뢰구축과 같이 논의되었으면 가능하나 그렇지 않고서는 군비감축이 이루어지지 않을 것이라고 하면서 남한의 설명을 일축하였다.[158] 대북 포용정책의 일환으로 남북대화 유지와 교류협력 확대 치중으로 인하여 북한에 대해서 자극하거나 협상을 파기할 우려가 있는 문제를 거론하지 않는 경향이 있는데, 이러한 정책은 악순환을 가져올 가능성이 높다. 북한식 사회주의 이념은 최면화되고 정권안보가 국가안보로 치환된 상태이다.[159] 즉, 핵에 의한 무장이 북한 1인 체제의 정권유지를 위한 수단으로 작용하는 한 협

157 최지선, "김정은 '핵포기 않는게 부친 유훈'이라고 트럼프에 밝혀", 『동아일보』, 2019년 10월 24일, A5면.

158 통일원, 『남북고위급회담 주요 쟁점에 대한 쌍방 주장 비교표』 (1993), pp.201-217.

159 박인휘, "비핵평화 프로세스와 대북 관여정책의 지속성", 『국가안보와 전략』 제19권 1호 (2019), p.8.

상은 더욱 힘들게 된다. 게다가 북한의 예측할 수 없는 행동패턴과 체리피커식[160] 대외정책 등은 북한과의 협의를 더욱 어렵게 하고 있다.

(2) 한반도 군비감축의 접근 가능성

군비감축은 남한과 북한이 간헐적으로 제안을 하면서 비 지속적 진행을 하고 있다. 1980년대 이전에는 재래식 무기를 중심으로 군비감축에 대한 논의가 이루어졌고, 1990년대 이후에는 핵무기와 재래식무기를 포함하여 군비감축 관련 회담을 하였으나, 군비경쟁은 오히려 강화되고 있다.

남북한이 군비경쟁을 중단하기 위해서는 군사력 감축에 대한 필요성을 먼저 인식해야 한다. 이철기와 민병천은 군비를 감축하기 위해 필요한 항목으로서 첫째, 전쟁을 예방하거나 가능성을 축소하고 둘째, 군비의 축소로 전쟁 발발 시 피해를 감소시키며 셋째, 막대한 군사비 지출을 경제발전으로 투입하거나 복지정책으로 전환하고 마지막으로 평화통일에 기여하는 것으로 보고 있다.[161] 그리고 한반도에서 성공적인 군비의 감축을 이행하기 위해서는 남북한 상호 군비감축의 필요성을 인식하고 군사적 균형을 안정적으로 확보하며, 정치와 군사 분야에서 신뢰를 구축하는 등 3가지 조건의 충족과 주변국의 변수도 고려되어야 한다.[162] 앞에 제시된 4가지의 필요성에 공감하고 3가지 유형의 성공요소를 이해하고 추진한다면 군비감축으로의 진행을 기대할 수 있을 것이다.

1992년 체결된 남북기본합의서와 한반도 비핵화에 대한 공동선언 그리고 2007년과 2018년에 이어진 남북정상회담의 선언과 합의서는 상

160 체리피커(Cherry picker)는 기업의 상품이나 서비스를 구매하지 않으면서 비용을 들이지 않고 기업이 특별하게 제공하는 서비스 등의 이득을 취하는 소비자를 말하며, 북한이 국제사회의 협의사항 등을 지키지 않으면서 경제적 보상만 취득하는 경우와 같다.

161 이철기 『동북아군축론』 (서울: 호암, 1993), p. 425; 민병천, 『평화안보론』 (서울: 대왕사, 2001), pp.238-240.

162 김강녕, 『남북한 관계와 군비통제』, 앞의 책, p.316.

호 공감과 필요성에 의해 합의된 산물이라고 보면 지속적인 갈등 속에서도 희망을 볼 수 있다. 상호 적대감과 정치 · 이념을 내려놓고 상대방을 인정하면서 합의에 포함된 사항을 접근하기 쉬운 것부터 추진한다면 가능성은 열려있다. 그리고 북한의 1인 독재에 의한 정치체제를 고려할 때 북한 지도자의 결정적인 결심에 의해 군비축소 협정이 쉽게 성사될 가능성도 있다.

남한은 지금까지 추진해온 방식인 북한과 일대일로 대응하는 군비감축 접근의 틀에서 미국을 포함한 주변 국가 및 국제사회와 공조하는 형태로 전환하는 등 협상의 폭을 넓히는 양상으로 전환할 필요가 있다. 먼저 미국과의 관계에서 정치 및 경제에서 남한이 실질적으로 얻을 수 있는 이익을 고려하여 북한을 미국과 대화할 수 있는 환경으로 조성하거나 남한과 미국 그리고 북한, 필요하면 중국을 포함하여 대화를 추진하는 방안을 검토할 수 있다. 군비감축을 추진하면서 한반도 주변 국가와 국제사회로 협력의 대상을 확대하여 적용하는 것이 적절할 것이다. 1990년대 이후 추진하였던 4자회담과 6자회담을 참고한 시대의 변화에 적용 가능한 발전된 '新4자회담' 또는 '新6자회담'을 구성하여 협의를 진행하거나 아세안지역안보포럼(ARF)과 같은 성격의 역내 기구 또는 UN 산하의 다양한 협의기구를 활용하는 방안도 강구할 필요가 있다.

북한은 현 체제를 지속하려 하고 안전을 보장받기를 희망하기 때문에 체제의 인정과 위협 해소 차원에서 접근함으로써 북한이 자발적으로 국제사회로 나올 수 있는 여건을 조성해줄 필요가 있다. 북한은 체제보장과 정권을 유지하기 위한 방편으로 핵을 활용하므로 체제를 보장하는 환경을 조성하여 믿음을 줌으로써 핵을 무장하는 빌미를 제거할 수 있을 것이다. 북한을 끌어내기 위한 또 하나의 전략으로서 현상유지 편향의 경향이 있는 북한의 체제 변화를 경제적 차원에서 접근할 수도 있다. 북한에 대한 경제적 제재는 경제적 효과보다 그것이 초래하는 정치적 파급효과를 고려해야 한다. 과거 소련이 개방되기 전에 서방에서 지원한 넌-

루가(Nun-Lugar) 프로그램[163]과 같은 형태로 경제적 지원을 수행함으로써 북한을 개방으로 유도하여 군비감축으로 동참시키는 방안도 강구 할 수 있을 것이다. 북한은 핵보다 정권의 유지가 중요할 수 있다. 따라서 북한이 핵을 포기해야만 경제적 고통의 극복과 정권의 유지가 가능할 것이라는 판단을 하도록 상황을 유도하는 방법도 강구 할 수 있다.

이와 같은 전략과 병행하여 강압에 의한 전략을 구사할 필요가 있다. 정치적 접근으로 위협을 해소해주고, 경제적 지원 등으로 협력과 개방을 유도하는 한편 미국과 주변 국가를 포함한 국제사회의 압박을 병행하여 추진할 필요가 있다. 북한은 남한의 입장에서 포용의 대상이지만 현재는 적으로서 존재하기 때문에 억제 및 강요의 정책이 병행되어야 한다. 박인휘는 북한에 대하여 전쟁의 위험으로부터 안보를 유지하기 위하여 억제정책을 취하고, 한편으로는 핵을 포기시키기 위한 압박 전략의 필요성을 강조하였다.[164] 체제를 포기할 정도의 강력한 메시지 또는 전략을 구상하여 접근할 필요가 있다. 북한의 과거 사례를 보면 내부적으로 불안하거나 불리한 상황이 발생하면 국면을 타개하기 위해 무력도발을 강행하거나 비방하고, 남측이 강하게 대응하는 등 불리한 상황이 조성되면 대화에 응하는 등 비합리적 행동을 지속하고 있다. 북한은 1990년 소련의 붕괴와 더불어 경제가 악화되자 상황을 극복하기 위해 남북기본합의서와 비핵화 공동선언을 하였으며, 미국에 도움을 요청하면서 핵사찰을 받았다. 2010년 연평도 포격사건 당시 남한의 대포병 사격에 의한 단호한 대응으로 북한 스스로 대화에 응하기도 하였다. 2018년 9월 19일 남

163 넌루가(Nun-Lugar) 프로그램은 구소련의 체제가 무너지고, 소련의 연방에 예속된 벨라루스, 카자 흐스탄, 우크라이나 등의 국가가 보유하고 있던 핵무기와 핵시설의 폐기를 위한 지원방안인 '협력적 위협감소 프로그램(CTR)'이다. 이 프로그램에 따라 미국은 매년 4억 달러를 4년간 소련에 지원함으로써 소련 연방의 핵전력을 포함한 대량살상무기를 제거 및 폐기하고 여기에 투입된 인력을 다른 분야로 전환시키는 획기적인 성과를 달성하였다. 전성훈, "북핵 '2 · 3합의'와 평화적인 핵폐기 사례분석", 『통일연구원』, 정책연구 07-01, (2007), pp.17-35.

164 박인휘, 앞의 책, pp.16-19.

북한이 협의한 '판문점 선언'이 이루어진 계기도 국제사회의 적극적인 대북 제재의 한 예로 볼 수 있다. 이처럼 북한은 경제적 상황이 악화하거나 강한 압박을 부가할 때 고개를 숙이는 경향이 있으므로 이러한 결과를 참고하여 공세적 차원에서 한 단계 우위의 전략을 적용할 수 있을 것이다.

3) 한반도 군비감축의 접근방법

(1) 군비감축 추진의 원칙

군비감축과 관련된 정책 사안은 한번 잘못되면 바로잡기가 어려워지므로 평상시 기본원칙을 수립하여 정립해놓고, 필요하면 보완하여 적용함으로써 시행착오를 최소화해야 한다. 한용섭은 신뢰구축과 군비통제의 원칙을 정해놓고 회담에 임할 때 활용 할 것을 강조하였다.[165]

한용섭이 제시한 군비통제의 원칙을 참고하여 재정리하면 다음과 같다. 첫째, 남한을 위협할 수 있는 공격용 무기를 제거하거나 축소 시킬 수 있는 실질적인 조치가 선행되어야 한다.[166] 둘째, 북한의 위협은 왜곡하지 말고 실질적인 판단과 근거에 준하여 정책을 추진하되 미국 및 UN 등 국제적인 사안으로 공론화 한다.[167] 북한의 핵 및 생화학무기의 위협은 남한 단독으로 대응이 제한되기 때문에 비대칭 우위의 전력에 대해서는 국제적인 기구의 가입을 통해서 제재하는 방안이 필요하다.[168] 이처럼 통제가 제한되고 북한의 핵 위협이 지속된다면 1991년 전술핵이 한국에서 모두 철수한 상황에서 미국과의 '핵공유'개념을 적용하는 것도 고려

165 한용섭, 『한반도 평화와 군비통제』, 앞의 책, pp.276-277.

166 김재철, "한반도 평화체제 구축에 따른 군비통제 추진방향", 『한국동북아논총』 48, (2008), p.275; 문성묵, 앞의 책, p.19.

167 유성옥, "북한 비핵화와 한반도 평화, 동북아협력 전략", 『한반도 국제포럼』 (2016), p.120.

168 김성한, 앞의 책, p.45.

해 볼 수 있다.[169] 셋째, 협상이 진전되는 과정에서 남한은 협상 단계마다 북한의 실질적인 군비감축 여부를 확인해야 한다.[170] 북한과 같은 폐쇄적인 국가는 검증을 회피하거나 속일 수 있으므로 확인하고 검증하는 절차가 필요하다. 넷째, 남한은 자주국방의 한계를 인식하고 국익 차원에서 불필요한 충동을 억제하고 미국과 동맹을 유지한 상태에서 군비감축이 이루어져야 한다. 다섯째, 군비감축이 진행되는 과정과 통일 이후에 다가오는 주변국의 잠재적인 위협을 고려하여 안보의 보장과 주권을 확보할 수 있는 군사능력을 보유해야 한다.[171] 여섯째, 남한은 정부가 전환될 때마다 정책이 바뀌는 등 정책의 일관성이 없어 체계적인 대응이 제한되었다. 군비감축은 장기간에 걸쳐 수행되는 정책이므로 국민이 공감하고 정권이 바뀌어도 변하지 않는 장기 계획이 수립되어야 한다. 이상의 각 요소는 상황이 도래될 때 시작하면 많은 문제와 시행착오가 발생하기 때문에 국가의 장기전략 차원에서 평상시에 논리적 타당성을 고려하여 준비되어야 한다.

---

169 핵공유 개념은 1966년 핵계획그룹(NPG)에 의해 운영되는 체계로서 미국과 나토회원국 국방장관으로 구성되어 있으며, 핵사용 여부는 미 대통령이 최종결정한다. 한국에서의 핵공유 개념은 전술핵을 미국의 괌에 배치하고 공군기 훈련 등을 통하여 핵을 한국으로 운반하고 한국이 필요시 사용한다는 개념이다. 이러한 개념은 미국이 북핵위협에 대응해 한국 · 일본과 전술핵무기를 공유하는 방안을 고려해야 한다는 보고서를 미 국방부 산하 국방대학이 2019년 7. 25일 발표함으로써 알려졌다. 보고서는 '비전략(nonstrategic) 핵무기'라는 표현을 썼지만 사실상 전술핵과 동의어다. 미군의 한반도 핵 공유 전략은 단순히 북핵 대응 측면을 넘어 대중(對中) 압박, 나아가 중국 · 러시아에 대항하는 동북아 핵 전술 공유 체제 구축이라는 미국의 세계 전략 차원에서 고려할 개연성이 있다는 분석이다. 한반도의 입장에서는 북한에 대한 억지전략 및 군비감축을 위한 전략으로 받아들일 수 있다. 유용원, "미 국방대 발표내용 인용", 『조선일보』(2019. 7. 31): http://news.chosun.com/site/data/html_dir/2019/07/31/2019073100122.html(검색일자 : 2019년 8월 3일).

170 문성묵, 앞의 책, p.19.

171 김재철, "남 · 북한의 재래식무기 군비통제 접근방향", 『동북아연구』 23권 2호 (2008), p.16.

(2) 군비감축 접근방법

① 포괄적 병행접근

서유럽의 자유주의 국가와 동유럽의 사회주의 국가 간에 군비감축이 가능하게 된 것은 신뢰구축에 주안을 둔 CSCE와 군비감축에 주안을 둔 MBFR 및 CFE가 동시대에 업무를 수행함으로써 양측 조직에서 필요한 부분을 서로 보충하여 상승작용을 일으켰기 때문이다. CSCE는 헬싱키 최종합의서(1975년) - 스톡홀름 협약(1986년) - 비엔나 협약(1992년)으로 합의사항 및 협약을 이어갔고, MBFR의 경우에도 1973년부터 1989년까지 협의를 이어갔으며, MBFR의 뒤를 이어 1989년 CFE가 발족하여 1990년 CFE-Ⅰ 및 1999년 CFE-Ⅱ를 조인하였다. CFE가 이렇게 발전하고 군비감축의 성공에 영향을 준 것은 신뢰구축 측면에서 CSCE가 보완함으로써 가능하였다.

남한은 유럽에서 군비감축이 성공적으로 이행된 사례를 참고하여 신뢰구축에 중점을 두고 접근하였으나 성과를 달성하지 못하였다. 2018년 4월 9일에 이루어진 남한과 북한의 정상회담과 이를 추진하기 위한 부속합의서에 신뢰구축과 군비감축의 일부 내용이 함께 포함되었으나 조직적 구성과 추진 간 제한사항 발생으로 진행되지 못하고 있다.

북한은 현 상황에서 가장 절실하게 요구되는 것은 경제적 지원이다. 북한의 김정은 정권은 집권하면서 경제를 발전시켜 인민을 가난에서 벗어나게 하고 군사력을 강화하여 체제를 보장하고자 하는 포부를 가지고 출범하였지만, 핵을 통한 군사력 강화에 치중함으로써 국제사회의 제재로 경제는 오히려 마이너스 성장을 하고 있다. 북한으로서는 군사력 강화와 더불어 민생경제 회복에 대한 의지를 갖고 있다. 경제발전의 희망과 가능성을 열어줌으로써 현상유지 편향에서 벗어나 국제사회의 일원으로 나오게 하여 군비감축의 길을 열수도 있을 것이다. 북한은 경제 분야와 관련하여 대외정책을 추진하면서 과거에 비교해 비교적 완화하고 있는 경향이므로 북한이 가장 절실하게 요구하는 금융에 관한 지원을 고려할 수 있다. 그러나 IMF를 통해 차관의 형식으로 지원하거나 국제 금융기구에 가입하여 지원받게 할 수 있으나, 핵 포기 등 개방적 행동이 뒤따르게 해야 할 것이다.

군비감축의 접근은 신뢰구축과 군비감축의 2개 축을 병행하여 운용하는 방법과 북한의 경제 활로를 열어주는 방법을 검토할 수 있지만, 현 남북의 상황과 국제적 제재 속에서 추진하기는 쉽지 않을 것이다. 현실적으로 실현 가능한 방법으로서 우선 국제적인 공감대를 형성하여 다자간 협력을 추진하고, 남한에서 추진하고 있는 국방개혁에 의한 병력감축을 선제적 군비감축의 방법으로 적용하여 추진할 필요가 있다.

② 다자간 협력에 의한 접근

남한과 북한은 정상회담과 장관급회담 등을 통해 군비감축에 접근하였지만, 실효성 있는 성과를 얻지 못하였다. 북한이 미국을 협상대상으로 하는 것은 남한에 미군이 배치되어 있고, 미군은 그 자체 보다 미국의 전력 전체를 의미하기 때문일 수 있다.[172] 남한은 미국과 한미연합방위체제를 유지하고 있는 한 미국을 무시할 수 없는 상황이다. 주한미군의 군사력은 남북한의 군비감축과 분리하기에는 쉽지 않다. 한반도에서의 재래식 무기의 감축도 문제지만 핵무기를 포함한 대량살상무기와 연계시킬 경우 미국과의 관계는 더욱 긴밀한 협조가 필요하게 된다. 현실주의자인 미어샤이머는 핵이 군사 대국의 기준이 되는 현시대에서 살아남기 위해서는 핵을 보유하거나 대응 능력을 갖출 것을 강조하였다.[173] 국제적인 환경에서 남한이 핵을 개발하거나 보유하는 것은 허용이 되지 않으며, 동맹국인 미국이 전술핵을 재배치하거나 북한의 핵을 제거해야 하는

172 이규열, 앞의 책, pp.137-138.

173 John J. Mearsheimer, 『강대국 국제정치의 비극』, 앞의 책, pp.39-40.

상황이다. 북한의 핵을 제거하기 위해 중국을 통한 영향력을 행사하거나, 핵 공유개념을 적용하여 중국 및 북한을 압박하는 것도 하나의 방법이 될 수 있을 것이다.

북한이 문제화하는 미군의 주둔은 남북한의 범위에서 벗어나 미국을 포함한 3자 또는 중국을 포함한 4자가 중심이 되어 협의할 필요가 있다. 2019년 6월 30일 트럼프에 의한 충동적 제안으로 성사된 남한과 북한을 포함한 판문점에서의 정상 간 대화는 해프닝으로 종료되었지만, 한편으로는 관계의 정상화로 갈 수 있는 지름길이 될 수도 있었다. 비록 세 정상의 만남이 싱가폴 회담(2019. 6. 12) 실패에 대한 만회가 절충된 상호이익으로부터 나온 급조 회담으로 볼 수 있었지만, 의미 있는 만남이었다. 소련의 고르바쵸프에 의해 개방이 되고 군비감축이 진행되듯이 1인의 권력에 의해 통제되는 북한에서도 소련과 같은 가능성을 기대할 수 있다.[174] 이러한 상황은 미국의 힘과 영향력을 활용하거나 주변국의 협력을 끌어들임으로써 가능할 것이다. 특히, 미국은 한반도를 태평양 진출의 토대로 삼을 수 있는 중국과 같은 위협이 없고, 대륙으로 진출하기 위한 교두보로 생각하는 일본과는 다른 위치에 있으므로 가장 적정한 동맹관계를 형성할 수 있는 나라이다.[175]

북한은 1949년 중국과 군사동맹을 맺은 이후 지금까지 관계를 지속하고 있다. 그러나 1990년 이후 북한이 핵 개발과 잦은 핵실험으로 중국의 의지와 상이한 행동을 취함으로써 중국과 불편한 관계가 발생하기도 하였다. 북한의 반복된 핵실험은 미국과 UN에서 북한을 제재하고 중국이 참여하기도 하였다. 그러나 중국이 제재의 이면에서 북한을 지원하는 것을 보면 중국과 북한의 밀월 관계는 지속하고 있다고 보아야 한다. 중

174 James Hackett and Mark Fitzpatrick,"The conventional military balance on the Korean Peninsula", KOREA FOUNDATION, IISS, (June, 2018), p.8.

175 정경영, "9.19 남북군사합의 이행진단과 군비통제 추진방향", 『군사논단』 제96호(2018), p.44.

국공산당 중앙위원회 직속기관인 판공청 내부문건에서 "북한은 서방세력의 공격을 막아내는 군사적 완충지역 일뿐 아니라 중국식 사회주의 고수를 위한 정치적 전략지대"라고 기록되어 있다.[176] 북한과 중국의 이러한 관계는 북한과의 정책적 접근 또는 군비감축과 관련된 문제 접근시 반드시 중국을 염두에 두어야 하는 이유이다. 이러한 상황에서 미국과 동맹관계를 강화하고 중국과의 관계를 원만하게 유지함으로써 북한과의 협력을 용이하게 하고 주변 국가들을 끌어들일 수 있는 계기를 마련할 수 있는 것이다.[177]

한반도의 군비감축은 미국 및 중국을 포함하여 추진하는 것이 적절하나, 이들 국가 중심으로 치우칠 수 있으므로 아시아 및 UN 등 국제기구를 활용하여 협력체계를 구성하는 방안도 검토할 필요가 있다. 탈냉전 이후 국제사회에서는 화학무기금지협약(CWC), 핵비확산조약(NPT), 특정재래식무기금지협약(CCW) 그리고 포괄적핵실험금지조약(CTBT) 등과 같은 다자간 군비감축 협상이 증대되고 있다.[178] 아시아의 대표적인 안보기구로서 ARF는 아시아 · 태평양 지역 국가들의 상호신뢰 증진 및 평화와 안정을 추구하는 목적으로 1994년 7월 출범시킨 정부간 정치 · 안보협의체로 아세안 국가를 포함한 27개국으로 구성되어 있다.[179] ARF는 북한의 비핵화 및 남북한 관련 문제 등을 주요 의제로 다루는 등 한반도 문제를 협의해 왔으므로 향후 군비감축 추진 시 관련 사항 논의가 용이할 것으로 판단된다. ARF를 통하여 남북한과 관련된 안건을 제시하고 문제를 논의함으로써 북한의 참여를 유도할 수 있을 것이다.

ARF 외에도 아시아에서는 아태안보협력이사회(CSCAP)와 동북아협

176 이종영, "중국 공산당 비밀문건에 드러난 북 · 중 밀월", 『동아일보』 2020년 1.10일자, 24면.

177 김성한, 앞의 책, pp.116-117.

178 김강녕, "국제 군비통제의 현황과 한국의 과제", 『군사논단』 제102호 (2020), p.104.

179 김유은, "동아시아 다자안보협력전략", 『한국의 동아시아 미래전략』 조양희 편저 (서울: 삼영사, 2008), pp.135-137; Steve Tulliu · Thomas Schmalberger, 앞의 책. pp.260-261.

력대화(NEACD)가 있다. 비정부 차원의 민간기구인 아태안보협력이사회(CSCAP)는 1993년 말레이시아에서 출범하였으며 안보 관련 의제를 다루는 협의체이다.[180] 동북아협력대화(NEACD)는 미국의 지원으로 1993년 출범하여 미국을 포함한 한국과 주변 4강 등 6개국이 참여하였으며, 1990년대 초 냉전 종식과 더불어 급격히 변화하는 안보환경에 대처하기 위하여 구성되었다.[181] NEACD는 현재까지 매년 정기적인 행사로 열리고 있으며 이 대화 기구를 중심으로 ARF 및 CSCAP를 연계하여 활성화하는 방안을 검토할 수 있을 것이다. 즉 국제적인 네러티브(Narrative) 전략을 통해서 남한과 미래 한반도의 국익 차원에서 군비감축의 장을 만들어 갈 필요가 있다.

이와 같은 기구를 활성화하고 강화하기 위해서는 각 기구들에게 구속력을 부여하여 제도화할 필요성이 있다.[182] 그러나 이러한 체계를 군비감축으로 발전시키기 위해서는 제도 자체만으로는 한계가 있으며, 관련 기구에 참여할 수 있는 여건과 분위기가 조성되어야 한다. 한반도의 군비감축은 국제적인 군비감축이 될 수 있음을 인지해야 한다.[183] 한반도는 세계 초 강국이 주변을 둘러싸고 있고, 이 국가들은 국제사회에서 강력한 영향력 행사로 UN 등 국제기구에서 주도권을 갖고 있다. 이들 국가가 영향을 미치고 있는 군비감축 관련 기구는 군축회의(CD)와 유엔군축위원회(UNDC)가 있다. CD는 1959년 군축위원회로 출범하여 1979년 이후 군축회의(CD)로 명칭이 변경되어 현재에 이르고 있고, 군비감축과 다자간 안보 업무를 주로 다루고 있으며, 65개 회원국으로 구성되어 있다. 군축회의는 생물무기금지조약(BWC)과 화학무기금지조약(CWC)을 체결

180 김유은, 앞의 책, pp.138-139.

181 김유은, 앞의 책, pp.139-140.

182 김종하 · 김재엽, 『국가안보전략 어떻게 수립해야 하나?』 (대전: 한남대학교출판부, 2012), p.222.

183 최강, 앞의 책, p.106.

하였으며, 1996에는 포괄적핵실험금지조약(CTBT)을 채택하기도 하였다. 유엔군축위원회(UNDC)는 세계 각국의 군비축소를 위해 설치된 UN 산하의 협상기구로서 1952년에 출범하였으며, 1980년 이후 핵 확산금지 관련 업무를 수행하고 있다.[184] CD와 UNDC는 UN 산하 국제기구로서 남북한의 군비감축과 관련된 의제를 상정하여 협의한다면 긍정적 역할을 할 수 있을 것이며 국제적인 압력 기구로써 활용할 수도 있을 것이다. 예를 들면 1990년 이라크에서 발생한 걸프전으로 UN에서는 IAEA를 통해서 이라크에 대한 강도 높은 핵 사찰을 강요하였다.[185] UN은 국제사회에서 발생하는 반평화적인 행동에 대하여 해당 국가에 압력과 제재를 부가할 수 있는 국제기구로서 역할을 하고 있으며, 북한을 제재하고 압박하기 위해 UN의 국제기구를 활용할 수도 있다.

③ 선제적 군비감축에 의한 접근

1980년대 고르바쵸프가 추진하였던 선 군비감축의 사례를 남한에서 적용해볼 수 있다. 물론 이 방안은 안보의 보장이 전제되어야 한다. 남한은 미국과 동맹을 맺고 있으므로 미국의 군사력 지원을 확보하고, 안보유지를 위한 적정군사력이 검토된 상태에서 추진되어야 한다. 이러한 안보의 보장과 유지는 남북이 통일된 이후에도 지속되어야 한다. 남한의 병력감축은 병력자원의 부족과 무기체계의 첨단화 등 여러 가지 사안이 연계되어 있지만, 병력과 무기의 감축을 공세적 현실주의 차원에서 선제적 군비감축으로 적용하여 추진한다면 효과적인 전략이 될 수 있을 것이다.

선제적 군비감축 전략을 추진하기 위해서는 안보가 보장된 상황에서 추진해야 하며, 북한의 변화와 주변국 및 국제기구 등의 협조가 필요

184 Steve Tulliu · Thomas Schmalberger, 앞의 책. pp.252-255; 박홍순, "국제군비통제와 유엔의 역할", 『한국국방연구원』 국방정책연구 34 (1996), pp.141-144.

185 박홍순, 앞의 책, pp.157-159.

하다. 먼저 직면한 북한의 핵과 재래식 전력의 위협으로부터 안전이 보장되어야 한다. 남한 단독으로 북한의 위협을 거부하기에는 역부족이다. 핵을 포함한 위협은 동맹국인 미국의 힘을 이용하여 방호할 필요성이 있다. 북한의 핵 위협은 미국의 핵우산으로부터 방호 받거나, 전술핵을 배치하여 억지할 수 있을 것이다. 따라서 군비감축은 북한에 대한 위협으로부터 안전이 보장된 상태에서 논의하고 추진되어야 한다. 이와 아울러 국제적인 협력을 통해서 북한에 군사력에 의한 정권 유지보다 경제력 강화가 우선이 될 수 있는 환경을 조성함으로써 현상 유지의 편향적 자세를 군비감축의 분위기로 전환하는 전략이 필요하다.

남한은 인구감소로 인해 점차 병력 충원이 제한되며, 병력이 주요 전투력인 육군의 상황에서 병력에 의한 군비감축은 상당히 위험한 시도로 받아들여진다. 점진적으로 병력을 줄여야 하는 현 상황에서 막연히 감축을 추진하는 것은 고려되어야 한다. 동맹국인 미국의 도움이 있다고 하지만, 자체적으로 안보를 보장할 수 있는 조치가 선행되어야 한다. 병력을 대체할 수 있는 첨단 전력을 보강하거나 당면한 위협과 미래의 주변국 위협을 고려한 최소한의 병력을 확보해야 한다.

현 상황에서 북한의 도발을 억지하고, 장차 주변의 위협으로부터 안보를 보장받기 위한 적정군사력에 대한 검토가 필요하다. 적정군사력은 미국의 지원이 제한된다는 전제하에 검토되어야 한다. 장차 통일을 염두에 두고 주변의 군사력으로부터 국가를 방호할 수 있는 수준의 전투력은 유지되어야 한다. 적정군사력은 한반도와 지정학적으로 유사한 반도국가 및 적과 대치하고 있는 국가의 특성을 고려하여 적정병력을 검토할 수 있다. 안보를 보장할 수 있는 적정군사력은 적의 침략 시 방어할 수 있는 최소한의 병력으로 판단할 수 있다.

적정군사력을 검토한 결과 감축 가능한 병력은 선제적 군비감축의 전략으로 발전시킬 필요가 있다. 병력감축을 인구감소에 따른 자연적인 상황으로 받아들이는 것보다 군비감축의 형태로 추진함으로써 국가적

이익으로 전환할 수 있다. 즉, 현 정부가 추진하고 있는 국방개혁에 의한 병력감축을 군비감축의 전략으로 추진함으로써 일거양득의 효과를 발휘할 수 있다. 병력의 감축은 병력 자체의 감축뿐만 아니라 병력과 연계된 무기체계와 기타 자산들의 감축이 병행된다. 이러한 감축은 병력 유지에 소요되는 인건비와 양성 및 보수교육 비용 그리고 병력의 감축에 따른 부대와 무기 및 장비의 감소로 이어져 군비감축에 의한 절약비용을 도출할 수 있다. 따라서 병력의 감축을 선제적 군비감축의 전략으로 추진함으로써 군비감축 절약비용을 도출하고, 절약된 비용을 첨단장비 확보에 투자하거나 통일의 재원조달 비용으로 전환함으로써 국가적 이익을 달성할 수 있다.

남한의 선제적 군비감축에 의한 전략적 접근은 향후 북한의 병력과 무기 및 부대의 감축에 영향을 미칠 수 있으나, 이 책에서는 남한의 군비감축에 의한 절약비용으로 한정하고자 한다.

제4장

통일비용 추정환경 및 추정방법

제1절 통일비용에 영향을 미치는 환경

1. 정치적 환경

1) 독일의 환경

독일은 2차대전 전승국인 미국과 소련, 영국과 프랑스에 의해 분할되어 통일은 이들 국가의 승인과 주변국들의 의사 반영이 필요하였다. 독일의 통일에 영향을 미치는 4개국은 독일의 통일로 기존의 유럽 질서가 변화되는 것을 원하지 않았다. 4개국과 주변 국가들은 제1 · 2차대전을 기억하며 독일이 2차대전 후 지속적인 경제성장으로 1989년 정점에 도달된 시점에서 통일 이후 막강한 경제력을 바탕으로 강력한 군사력을 건설하여 또다시 힘을 과시하는 것을 상상할 수 없었다. 즉, 독일의 분단 상황이 지속되기를 바라고 있었다. 독일은 전쟁의 책임을 묻는 징벌적 차원에서의 분단이었기 때문에 독일의 통일비용은 서독이 독일 통일에 관계되는 나라들에 대하여 통일을 승인받기 위해 부담하거나 소요되는 경제적 또는 비경제적 비용이 포함되어야 했다.[186]

그러나 독일 내부에서는 1989년에 들어서면서 베를린 장벽이 무너지고 독일 국민의 의지가 굳어지면서 독일의 통일은 대세로 기울어지고 주변 4강은 받아들일 수밖에 없는 상황을 맞게 되었다. 외부적으로는 구 소련이 미 · 소간의 군비경쟁에서 열세로 돌아서고, 유럽통합과 더불어 서독의 위상이 증대되었으며, 공산권 국가에서의 기존 질서로부터 변화

186 전상진 외, "통일에 대비한 한국의 통일비용 재원조달방안에 관한 논의", 『한독사회과학논총』 제17권 제3호, (2007), p.11.

의 요구가 나타남으로써 급진적인 통일을 이룰 수 있는 국제적 환경이 조성되었다.[187] 구소련이 미국과의 군비경쟁에서 열세로 돌아서고 아프가니스탄에서의 군사적 개입 실패 등 힘의 균형이 기울어져 국제 정치환경의 변화가 불가피하게 되었다. 유로달러의 출현과 유럽이 통합되어 가는 과정에서 서독의 경제성장으로 인한 역할이 증대되는 반면 동독은 경제적 격차 심화와 상대적 빈곤으로 주민들의 불만과 민주주의 요구가 확대되었다. 독일은 내부의 욕구와 열망으로 장벽을 무너뜨리고자 하였으며, 외부로 국제적인 공조와 협력을 끌어내기 위한 노력을 지속함으로써 분단의 담벼락을 무너뜨리고 통일의 다리로 만들 수 있었다.

독일은 통일을 위하여 전승 4개국과의 협상과 이웃 국가인 폴란드와 국경협상 그리고 유럽안보협력회의(CSCE) 회원국들에 대하여 국제적인 협력을 끌어내기 위하여 부단한 노력을 하였다.[188] 동서독의 통일은 4개국과의 협상을 통해서 적절한 통제 속에서 이루어지고, 병력 규모 축소 등 군비감축을 전제로 주변국들의 안보 우려를 불식시키며, 2차대전 후 확정된 독일-폴란드를 비롯한 각국의 국경선을 변경하지 않겠다는 국제적인 확신을 부여함으로써 인정받았다. 특히, 독일은 동독을 지원하는 과정에서 미국과의 세부내용까지 협의하는 등 대외 관계에서 동서독의 통일을 위한 국제적 여론을 우호적으로 전환시키는 국제관계의 전략을 세밀하게 추진하였다.[189] 독일을 둘러싼 국제적 환경은 독일 내부의 열망과 어우러져 급격한 통일이 이루어지고, 이로 인하여 통일비용은 준비부족으로 초기 예측한 것보다 훨씬 많은 소요가 발생하였다. 더욱이 독일은 통일과정에서 초기 통일비용을 축소하여 국민에게 부담이 되지 않는다고 홍보함으로써 정치적 목적은 달성하였으나 경제적인 문제와 관련해서는 많은 어려움이 있었다.

---

187 김규륜 외, 앞의 책, pp.306-307.

188 손기웅 외, "베를린 장벽 붕괴 20주년 동서독 통합과정 종합 평가", (2009), pp.3-4.

189 김태훈, "상상 속에만 존재하는 '통일의 파트너'", 『조선일보』2020년 5월 6일, A31면.

2) 국제적 환경

한반도 통일의 문제는 남북한의 한계를 벗어나 국제적인 환경에 영향을 받는다. 국제적인 영향은 UN과 미국을 포함한 동아시아 주변 국가 특히, 미국과 중국의 영향을 크게 받을 것이다. 국제적인 통일비용은 먼저 미국으로부터 한미 FTA의 북한지역 적용비용과 한반도 경제성장 비용, 한반도 안정화 및 대북한 지원 활동비용 등이 발생할 수 있으며, 중국으로부터는 북한 재건사업비용, 탈북자 수용의 경제 · 사회적 비용 그리고 동북아 경제협력과 통합을 위한 초기 투자비용 등이 발생 될 수 있다.[190] 이러한 국제환경의 경제 분야에서 통일비용은 미국 및 중국으로부터의 영향력과 연계된다. 국제사회로부터 우호적 지원을 받을 수 있겠지만 주변국들은 결국 자국의 이익에 기초한 전략으로 접근할 것이다. 미국은 북한지역 개발과 지원에 영향을 주겠지만 중국은 북한과 인접하여 직접적인 영향을 미칠 것이다. 즉, 중국은 북한지역에 진출하여 직접적인 경제 지원 및 투자로 북한을 중국의 경제권으로 편입하고 나아가 남한지역까지 확대할 수 있으며, 이러한 확장은 통일 한국을 중국의 영향력 아래 놓을 수 있다. 국제적 환경하에서의 통일비용은 한국의 경제력과 한반도의 군사력 및 안보문제 등과 연계하여 살펴볼 필요가 있다.

3) 한반도 환경

한반도의 통일비용 추정환경은 통일환경과 연계하여 살펴보기로 한다. 한반도는 독일 통일과 시기적인 면에서 많은 차이가 있다. 독일의 경우 분단되었지만 상호 적대감이 크지는 않았고, 통일과 관련하여 주변 4강에 의한 승인이 필요하였다.[191] 한반도의 경우 남북 상호 간 적대감이

---

190 김규륜 외, 앞의 책, pp.353-359.

191 권세영, "독일통일 사례에서 본 한반도 통일문제", 『고려대학교 미래성장연구소』 (2018), pp.6-7.

크고, 주변 4강의 이해가 얽혀있는 등 제한사항이 많다. 독일의 통일은 냉전의 종식이라는 시기와 국제적 환경이 조성되었지만, 한반도의 경우 소련의 역할이 중국으로 변화된 것 외에 한반도를 둘러싼 4강의 환경은 크게 달라지지 않고 있다. 즉 독일의 통일이 이루어진 시기는 구소련이 해체되는 시점이지만, 한반도의 환경은 중국이 급부상하여 미국과 패권을 다투고 있고, 소련을 계승한 러시아도 다시 군비경쟁에 가담하고 있으며, 중국의 부상에 위협을 느끼는 일본도 군사 대국화의 길로 들어서고 있다. 통일 당시 독일의 위상은 유럽의 강자로서 G-7의 신흥세력 위치를 점하고 있었으나 남한은 독일에 버금가는 정도의 경제력과 위상을 갖지 못하고 있다. 따라서 주변국들의 태도는 한국을 소국으로 취급하며 무시하는 경향이 있다. 이러한 상황은 통일에 있어 긍정적인 요소는 아니며 강대국들을 대상으로 개별적인 설득과 다자협력을 병행해야 하는 어려움이 있다.

한반도의 통일을 가정할 경우 분단으로 발생한 사항에 대하여 국제적으로 해결해야 할 문제가 있다. 북한의 대량살상무기와 남북의 군사력, 한미동맹 그리고 영토와 역사문제 등이다.[192] 한반도가 통일될 경우 세계 6위의 군사력은 주변국에 위협을 줄 수 있고, 군비경쟁을 유발할 수 있다. 특히 북한의 핵은 신중하게 처리해야 할 것이다. 핵무기에 관해서는 비핵정책 의지와 평화적 이용을 천명하고, 군사력 감축을 통하여 위협을 제거함으로써 우호적 분위기를 조성해야 한다. 한미동맹은 중국과 대치되어 안보딜레마의 상황에 직면하고 있고, 중국은 통일의 전제조건으로 미군의 철수를 주장할 수 있다. 미국은 한미동맹을 지속시켜 동북아에서 미국 중심의 안보전략을 지속하여 추진하려 할 것이다. 한반도의 통일을 지지받게 하기 위해서는 주둔군을 최소화하여 중국에게 안보의 위협을 불식시키고 유럽과 같이 역내 국가 간 다자안보체제를 구축하

192 이수형, "한반도 통일의 외적 거래비용에 관한 시론적 연구", 『통일과 평화』 4집 2호, (2012),

여 안보의 딜레마를 체계적으로 감소시킬 필요가 있다. 통일 한국은 중국과 국경선 및 역사 왜곡이 문제 될 수 있다. 한국의 입장에서 백두산 이북 지역은 민족의 뿌리가 있는 곳으로 여기며, 중국은 통일 이후 한국이 이와 관련된 영토문제로 거론할 것을 미연에 방지하기 위하여 동북공정을 추진하고 있다. 한반도의 통일문제는 중국과 가장 많은 연계성을 갖고 있어 중국과의 정치 · 외교적 대안을 준비해야 한다. 한반도는 지정학적으로 주변국에 영향을 받을 수밖에 없으므로 통일문제는 미국과 중국에 한정하지 않고 동북아 4강과 UN 등 국제적 차원에서 접근할 필요성이 있다. 특히 통일비용과 관련하여 한국은 독일에 비교해 경제적으로 훨씬 열악한 환경으로서 주변국들로부터 경제적 지원을 받을 필요성이 있으므로 주변국과 협조하고, 통일비용 확보 문제에 관련 국가를 끌어들일 필요가 있다.

독일은 소련연방의 해체와 공산권의 새로운 질서로의 변화가 요구되는 세계적 환경 변화와 내부의 욕구에 의해 급속하게 통일이 이루어져 초기 예측하지 못한 통일비용이 발생하고, 통일 이후 통일비용이 지속하여 증가하는 상황이 발생 되었다. 한반도의 경우에는 어떠한 상황으로 통일이 이루어질지 예측하기 힘드나 독일과 같이 급속하게 이루어질 수 있고 점진적으로 이루어질 수도 있다. 박태규와 이영선 그리고 KDI의 연구결과를 보면 급속한 통일이 점진적인 통일보다 비용면에서 많이 소요되는 것으로 판단하였다. 한반도의 현 상황에서 급속한 통일과 점진적인 통일을 선택하여 추진하는 것은 어려우나 남북의 경제력 격차가 해가 지날수록 커지는 것을 고려하면 가능한 조기에 통일을 달성함으로써 비용을 절약할 필요가 있다.

2. 경제적 환경

독일과 한반도는 국제적 · 지역적 환경에서 차이가 있으며, 한반도는 동독과 서독의 상호 교류와 대비하여 민족적 갈등 등 내적인 면에서 차이가 크다. 특히 경제적인 면에서 독일은 경제력이 높고 동독과의 차이도 한반도에 비교해 상대적으로 크지 않아 통일비용 면에서 2016년 한국과 비교하여 적게 소요된 것으로 판단된다. 독일의 통일 시점에서 경제적 상황과 한반도의 현시점에서 경제적 상황을 비교하면 다음과 같다.

<표 4-1> 독일 통일직전 경제상황 비교

구분	서독	동독	서독/동독(배)
GNI('91)	2조435억 DM	2,837억 DM	11.1
1인당 GNI('91)	31,900 DM	17,076 DM	2.8
실질 경제성장률('89)	3.8%	1.9%	2.0
무역총액('90)	1,193,413백만 DM	60,924백만 DM	19.6
도로 총연장('90)	173,861km	47,201km	3.7
인구('89)	61.8백만 명	16.4백만 명	3.8

출처 : 주독일 대한민국대사관(1992) 및 통계청(1996), 한국은행(2000)에서 참고하여 작성

독일은 통일 직전 1989년 동독에 비교해 국민총소득(GNI)가 11.1배이며, 1인당 GNI는 2.8배 그리고 경제성장률은 2.0배, 무역총액은 19.6배에 수준이었다. 동독의 GNI 등 경제상황은 공산권의 특성상 과장된 수치로 나타나고, 실제 수치는 이보다 더 낮을 것으로 추정되며 격차는 조금 더 클 것으로 판단할 수 있다. 사회간접자본의 대표적인 분야로 도로의 총연장 길이를 보면 3.7배의 차이를 보였다. 인구는 서독이 동독에 비교해 3.8배의 차이로 동독 인구가 상대적으로 적어 재정지원 면에서의 비용은 남한에 비교하여 부담이 적다고 볼 수 있다.

남한과 북한의 경제 상황을 비교하면 〈표 4-2〉과 같다. 남한과 북한은 2017년 6월 기준으로 북한에 비교해 국민총소득(GNI)가 47.2배이며, 1인당 GNI는 23배 그리고 무역총액은 189.6배의 차이가 난다. 사회간접자본의 대표적인 예로 도로 총연장 길이는 4.2배, 항만하역능력은 27.9배에 달한다. 도로의 길이는 독일에 비교해 크게 차이나지 않으나 도로의 포장상태 및 폭 등을 고려하면 차이는 보다 클 것이다. 인구는 2.1배로서 동독보다 빈곤한 북한 주민의 인구가 많음으로써 정부의 지원 면에서 부담은 더욱 클 것이다. 경제성장률은 2017년도 북의 핵실험으로 인한 국제사회의 제재로 인하여 낮게 나타났다. 북한의 최근 5년간 경제성성장률은 －3.5에서 +3.9 수준이며, 남한의 평균 3.0 수준이다.

남북한의 경제상황 차이는 독일과 비교시 GNI 비율 기준으로 4.2배, 무역총액 비율기준으로 9.7배의 차이가 발생한다. 이러한 차이를 동서독과 비교하여 한국의 통일비용을 판단하면, 동독 주민의 소득수준을 서독의 소득수준으로 끌어올리거나, 동독의 경제를 서독의 경제수준으로 끌어올리기 위하여 정부 재정지출 비용을 고려할 때 독일에 비교해 몇 배 더 많은 비용이 소요될 것이다. 남북한의 분단이 현 상태로 계속된다

<표 4-2> 남한과 북한 경제상황 비교

구 분('17)	남 한	북 한	남한/북한(배)
GNI	1,730.5조 원	36.6조 원	47.2
1인당 GNI	3,364만 원	146만 원	23.0
실질 경제성장률('16)	3.1(2.9)	−3.1(3.9)	-
무역총액	10,521억 $	55.5억 $	189.6
도로총연장	110,091km	26,178km	4.2
항만하역능력	116,445만 톤	4,176만 톤	27.9
인구	51.5백만	25.0백만	2.1

출처 : 한국은행, "남북한의 주요경제지표", (2018)에서 작성

면 통일비용은 지속하여 증가 될 것으로 판단된다. 특히 분단이 지속됨에 따라 군사비의 지출이 과다하게 되며, 통일비용 증가의 가장 큰 원인 중의 하나가 된다. 통일비용을 줄이기 위한 방법으로는 남북한의 조기통일이 우선이며 그 밖에 교류협력을 통해 감소시키거나 사전 재원을 확보하여 감소하는 등의 방법이 있다. 현실적으로 조기통일 또는 교류협력에 의한 통일비용 감소는 쉽지 않다. 따라서 현시점에서 할 수 있는 재원확보의 방법은 예산절감이며, 통일비용을 줄이기 위한 예산절감은 군비감축을 통한 비용절감 및 축적을 통해서 가능할 것이다.

제2절 통일비용 추정 제한요인

한반도 통일비용은 UN 등 국제기구와 미국 및 중국 등 주변 국가로부터 영향을 받을 수 있다. 남한은 UN 등 국제기구로부터는 외화차입 및 경제지원을 받을 수 있지만, 미국 및 경제 통상국가와는 FTA 비용 및 대북한 지원비용 등이 발생할 수 있다. 이러한 비용은 국제환경에서의 협력과 미국 및 중국의 이해관계에 따라 달라질 수 있다. 통일비용은 국제적인 지원과 주변국들의 지원에 따라 남한에서의 통일비용 부담이 달라질 수 있기 때문에 남한의 정치 · 외교능력에서도 많은 영향을 받게 된다.

남한은 경제적인 면에서 독일 통일 당시에 비교해 상대적으로 경제력이 약하여 통일비용 면에서 훨씬 많은 소요가 예측된다. 남한의 경제력과 북한의 경제력 그리고 인구 대비 생산능력 등 모든 부분에서 독일과 비교 시 부족한 상황이며, 이러한 수준은 통일비용 마련에 더욱 힘든 조건이 형성된다. 현재와 같이 남북이 분단된 상태가 지속되면 남북한의 경제력 차이는 심화되고 정부재원에 대한 부담이 시간이 지날수록 늘어남으로써 통일비용은 더욱 증가 될 것이다.

남북한의 분단 지속은 이념과 사회구조의 차이로 분단이 굳어지고 통일에 대한 기대도 멀어짐으로써 통일비용 확보를 위한 국민적 공감대 형성도 어려워진다. 통일비용 재원 마련을 위한 통일세, 통일기금, 예산절감, 채권발행, 복권발행 등 모든 비용 조달에 있어 제한을 받게 될 수 있다. 특히, 통일세와 같은 조세의 성격이나 독일의 연대부과금 형태의 부담금은 더욱 제한을 받을 수 있다.

제3절 통일비용 사례 및 추정방법

1. 통일비용의 재원조달 문제점과 추진방안

1) 독일의 통일재원 조달

독일의 통일비용 조달과 관련된 재정정책은 동서독 지역 주민의 동일한 생활수준 실현에 기초하였으며, 동독지역 지방자치단체의 재정능력 향상과 능률적인 행정 및 사법체계 확립에 두었다.[193] 독일의 통일비용 조달은 증세보다 공채발행과 사회부담금의 증가로 주요 재원을 마련하였으며, 충당금은 연방정부와 주정부, 지방정부가 균등하게 배분하였다. 그러나 독일 정부의 재원조달은 급하게 이루어진 통일로 인하여 통일기금으로는 충당이 불가능하였으며, 중앙정부 및 지방정부로부터 추가적인 비용의 조달이 필요하였고, 그밖에 유럽공동체로부터 지원과 대외 금융지원 그리고 구동독지역의 국유자산 매각 등 다양한 재원조달 방법이 적용되었다.

재원조달은 구동독지역의 재건을 위한 비용이 가장 많은 부분을 차지하였다. 동독의 사회보장 비용과 공공재정 이전비용 등에서 재정정책의 최초 판단을 상회하는 비용이 투자되었다. 구동독지역으로 투자되는 공공재정 이전비용은 사회보장 비용을 포함하여 1991년에 1,070억 DM과 1992년 1,150억 DM이 소요되었으며, 1993년에는 1,380억 DM으로

193 양용석, "기존 추정분석사례의 고찰을 통한 적정 통일비용 산정방안에 관한 연구", pp.134-135.

늘어나는 등 지속하여 증가 되었다.[194]

독일의 통일기금은 독일 통일에 따른 비용을 마련하기 위한 것으로 1990년 5월부터 1994년 말까지 총 1,150억 DM을 조성하여 지원하려는 계획을 수립하였다.[195] 예산의 주 산출은 연방정부의 지원, 융자를 통한 조달 그리고 서독지역 주 정부로부터 지원 등 세 가지로 재원이 마련되었다. 그러나 독일이 최초 계획하였던 예산보다 소요가 늘어나 총지출액은 1,607억 DM으로 증가하였으며, 1995년 이후에는 추가적인 재원 마련을 위해 '연대협약'이 이 기금을 대신하였다.[196]

독일은 통일비용이 예상보다 늘어나자 2차례에 걸친 통일연대협약을 통해 재원을 마련하였다. 연대협약은 정부와 기업, 근로자들이 국민적 고통분담을 전제로 연방정부 및 지방정부가 공공지출을 제한하고, 서독의 기업은 동독의 각 지역에 투자와 구매를 증대하며, 근로자의 임금인상을 줄이는 차원에서 체결된 협약이다. 연방정부와 주정부 간에 체결된 1차 연대협약(1995년~2004년) 및 2차 연대협약(2005년~2019년)의 연방특별교부금 및 추가지원금은 구 동독지역 주 정부에게 장기적인 재건계획을 수립할 수 있는 기초가 되었다.[197]

독일은 자체적으로 재원을 마련하기 위한 노력을 기울임과 아울러 유럽연합에서도 구조지원 명목으로 자금을 지원받아 구 동독지역의 농촌 지역발전 등에 예산을 투입하는 등 다양한 방법으로 재원을 조달하였

---

194 주독 대사관, 『독일 통일백서』, 통일정책자료집 8, (1994), pp.217-219.

195 정용길, "통일독일의 통일비용과 경제통합", 『유럽연구』 26(3), (2009), pp.12-14; 주 독일 대한민국대사관, 『숫자로 본 독일 통일』 (1992), p.197.

196 주 독일 대한민국대사관, 『숫자로 본 독일 통일』 p.197.; Alexander Flisher의 연구에 의하면, 독일은 1991년부터 1993년까지 주정부에서 1인당 수입이 1,170DM 인 반면, 지출은 5,875DM으로서 -4,750 이었으며, 지방정부는 1인당 수입이 877DM 인 반면, 지출은 3,657DM으로서 -2,780DM의 적자를 나타내는 등 주정부 및 지방정부 모두 적자 재정으로 운용하였다. Alexander Flisher, "German Re-unification: Fiscal Policy and Finacing", 『Hansun Foundation』 95-140, (2010), p.108.

197 이승현 · 김갑식, "앞의 책, p.7.

다. EU의 전체적인 지원비용을 파악하기는 제한되나, 독일 통일백서에 제시된 자료에는 EU의 '구조 조정기금'으로부터 1991에서 1993년까지 약 60억 DM을 지원받은 것으로 되어있다. 특히 구동독지역은 EU의 주변 저개발 국가와 동일한 지원 국가로 분류되어 1994년부터 1999년까지 270억 DM을 지원받았다.[198]

그밖에 통일비용 조달로 채무청산기금 설치, 조세인상, 자본시장 조달, 정부예산 절감 및 재정조정 그리고 국가자산 사용료 징수 및 매각 등을 활용하였다.[199] 채무청산기금은 구동독이 국내외의 채무를 충당하기 위한 것으로 독일정부가 이를 청산하기 위해 설치한 기금 조성방법이다. 조세인상은 동독지역의 투자와 고용증대 등 경기부양을 위하여 마련하였으며, 소득세 및 법인세 그리고 유류세 인상을 통하여 확보하였다. 자본시장 조달은 조세인상의 국민적 저항과 정치적 부담을 최소화 할 수 있는 대안으로 적용하였으나 부채의 발생에 대한 부담이 있었다. 그러나 자본시장의 조달은 통일재원 조달에 큰 역할을 하였으며, 1991년과 1992년에 각각 615억 DM, 405억 DM을 조달하였다. 정부예산 절감 및 재정조정은 정부의 재정 적자를 줄이기 위해 재정을 긴축하여 운영하고, 분단으로 인한 지출분야의 폐지와 국경지역 지원금 등 세금 혜택을 과감히 폐지하였다. 그 외 판매세 조정과 실업수당 등 사회보장성 부분에서 절감하여 1994년 한해동안 160억 DM을 절약하기도 하였다. 국가자산 사용료 징수 및 매각은 통일기금의 일환으로 적용하였으며, 구동독지역의 국영기업 자산의 민영화와 매각을 통하여 재원을 조달하였다.

독일 통일비용의 재원조달은 여러 가지 면에서 부정적 영향과 논란이 있었다. 통일비용의 상당 부분을 동독 주민들의 사회보장성 지출경비에 사용함으로써 재원이 생산적인 부분에 집행되지 못하였다는 문제가

198 주독 대사관, 앞의 책, pp.320-325,

199 김영윤 · 유욱, 앞의 책, pp.60-63.

있었다. 통일재원은 공채발행을 통해 조달한 부분이 있는데 이 부분도 소비성 분야에 사용됨으로써 세수로 연결이 되지 않고 국가부채가 되어 독일경제 전체에 부담을 주었다. 1995년 시행된 통일세(통일연대부가금)는 독일 내에서 저항이 많았으며, 일부 지역에서는 구체적인 사용계획 없이 거두는 통일세는 위헌이라며 헌법 위헌소송을 내는 등 반발이 발생하기도 하였다.[200]

2) 한반도 통일재원 조달

통일비용 재원조달은 크게 공적재원과 민간재원으로 구분할 수 있다. 공적재원을 활용하는 방법은 통일세, 통일기금, 예산절감, 해외자금 유치 등이 있으며, 민간재원을 활용하는 방법은 채권발행, 복권발행 등의 방법이 있다.[201]

공적재원의 통일세 부과방안은 조세부담이 늘어나 실제 반영하기에는 많은 논쟁이 일어날 수 있다. 그러나 OECD 국가의 조세수입을 비교하면 남한의 조세부담률은 상대적으로 낮아 통일세의 도입 가능성이 있다고 본다. 2018년 기준 남한의 조세부담률은 18.5%로서 OECD 평균 25%보다 낮다.[202] 주요국가의 조세부담률을 보면 독일 23.3%, 미국 20.6%, 영국 26.9%, 프랑스 29.3%로서 영국과 프랑스가 조세부담률이 상대적으로 높다. 통일세의 부과방식은 기존의 세목을 인상하는 방법과 별도 세목을 신설하는 방법이 있다.[203] 통일세의 직접적인 부과는 국민의

---

200 이승현 · 김갑식, 앞의 책, p.8.

201 김재영, "통알비용의 재원과 조달방법", 『헌법이론 실무학회』 통일법연구 1, (2015), pp.334-335.

202 조세부담률은 1년간 한 나라 안에서 만들어진 경제적 가치(GDP)에 비교해 총 조세수입의 비중((국세+지방세)/GDP×100)이 얼마큼인지를 나타내는 수치이다. 즉, 법인을 포함해서 국민이 생산해 낸 소득 중에서 얼마만큼을 각종 세금으로 부담하느냐를 나타내는 비율이다. 국회예산정책처, "우리나라 재정의 이해", https://www.nabo.go.kr/Sub/01Report/04_01_06_Contents.jsp(검색일자: 2019년 7월 2일).

203 이승현 · 김갑식, 앞의 책, p.33.

저항이 있을 수 있으므로 통일비용을 절약할 수 있는 방법을 강구하고 국민의 여론 수렴 및 공감대를 얻어 진행해야 할 것이다. 통일비용은 공적재원을 투입하지 않을 수 없을 것이므로 최근 복지 분야에 많은 예산을 투입하고 있는데 미래의 급격한 통일비용 소요에 대비하여 국가채무비율을 최대한 통제할 필요가 있다.

통일기금 조성방안은 통일의 초기단계에서 요구되는 재정지출을 충당하기 위해 사전에 조성하는 재원이다. 통일기금의 사전 확보는 국민경제에 급작스러운 충격을 최소화하고 세대 간 부담을 줄일 수 있다. 즉, 사회적 통합비용 지출이 명확하고 조세부과에 타당성을 가짐으로써 조세부과에 대한 국민적 저항이 상대적으로 낮다. 통일기금 조성은 별도의 통일기금 조성계획을 수립해서 진행하거나 기존의 남북협력기금 조성방법을 보완하여 진행할 수 있다.[204] 이러한 진행은 통일이 가시화되지 않거나 기금조성 기간이 길어지게 되면 공감대가 무너지고 기금의 관리 및 불필요한 집행 등에 사용될 수 있어 조성과 관리 면에서 중요한 관심이 요구된다.

예산절감은 국민에게 추가적인 부담을 주지 않으면서 국가의 예산을 효율적으로 활용할 수 있는 방안이다. 예산절감은 세출예산을 줄이거나 연간 예산의 불용액을 저축하여 활용할 수도 있다. 그리고 군비감축을 통해서 무기의 관리 및 생산비용을 절약하거나 병력감축을 통해서 운영유지 비용을 절약할 수 있다. 예산절감은 일부 특정 부분에서 획득하기에는 재원이 미약하므로 다양한 분야에서 운용하여 예산을 축적할 필요가 있다.

해외자금 유치는 국내자금 조달 여력이 부족하거나 의도적인 해외자금의 차입을 유도함으로써 획득하는 비용이다. 해외자금의 차입은 국제은행으로부터 차관형식의 지원을 받는 방안과 국제구호기금을 활용하

204 염명배 · 유일호, "독일과 우리나라의 통일비용 및 통일재원 비교연구", 『재정학연구』 제4권 제2호 (2011), pp.203-209.

는 방안이 있다.[205] 북한은 개발도상국에게 지원하는 경제개발과 복지향상에 사용할 목적으로 적용한다면 무이자 또는 낮은 이자로 공적개발 원조를 받을 수 있을 것이다. 남한은 독일에 비교해 상대적으로 경제력이 부족하고 북한에 투자되어야 할 비용이 훨씬 많을 것으로 판단되므로 해외자금의 유치는 필연적이다.

민간재원의 채권발행은 민간의 재원을 흡수하는 방법으로써 조세의 저항을 피하고 탄력적 재정운용이 가능한 장점이 있다. 그러나 짧은 기간에 많은 채권을 발행할 경우 국가의 채무를 가중시킬 우려가 있다. 2017년 국가채무는 660조 2천억 원으로서 GDP 대비 38.2%를 차지하고 있어 국가채무 비율이 낮다고 볼 수는 없다.[206] 채무비율이 높은 것을 감안할 때 현시점에서 대규모 채권발행은 제한이 되나 채권발행이 필요 시에는 소모성 비용에 충당하는 것보다 투자를 통한 미래 수익에 비중을 두는 것이 적절할 것이다.

복권발행은 주택복권으로 시작하여 온라인 복권, 인쇄복권, 전자복권 등 다양한 형태로 운용되며 2018년 남한의 복권판매 총액은 4조 4천억 원으로 집계되었다.[207] 복권의 판매액은 지방자치단체 소득 보장사업, 과학기술진흥기금, 서민 주거안정사업 및 공익지원사업 등에 지원하였다. 복권 판매액을 통일재원으로 사용하는 것에 일부 거부감이 있지만, 주택보급이나 서민의 소득 재분배, 과학기술개발 및 산업개발 등 명확한 목적에 사용하고 차후 통일비용에 대한 과다한 비용의 국민 부담 등을 홍보한다면 공감을 얻을 수 있을 것이다.[208]

---

205 전상진 외, "통일에 대비한 한국의 통일비용 재원조달방안에 관한 논의: 독일의 통일비용이 재원조달과 문제점을 중심으로", pp.28-29.

206 통계청(KOSIS), "국가통계지표", (2017), http://kosis.kr/statHtml/statHtml.do?orgId =102&tblId=DT_102N_A001&checkFlag=N(검색일자: 2019년 7월 2일).

207 기획재정부 복권위원회, "세계 복권 판매추이", http://www.bokgwon.go.kr/history/02_03.jsp(검색일자: 2019년. 7월 2일).

208 염명배 · 유일호, 앞의 책, p.212.

통일비용 재원조달과 관련하여 공적재원과 민간재원의 주요 재원조달에 대한 방안을 살펴보았는데 수천조 원에 달하는 향후 통일비용을 고려할 때 이 모든 재원을 고려하되 한반도 상황에 적용 가능한 방안을 강구하여 준비할 필요가 있다. 통일의 재원은 초기 정부 부문 위주로 하되 장차 재정 부담을 줄이기 위해 민간투자의 유도 및 해외자금의 유치 등을 적절하게 배분할 필요가 있으며, 통일되었을 때 초기부담과 전체 비용을 최소화하기 위하여 국가부채를 관리하면서 통일비용 절감 및 확보 방안을 강구해야 한다. 예산절감을 통한 통일비용 축적은 국민들의 반발을 최소화하고 공감대를 조성할 방안이지만, 예산절감을 통한 통일비용 절약과 관련된 연구는 찾아보기 쉽지 않으므로 이와 관련된 연구는 학문적 가치와 정책 입안에 기여할 수 있을 것이다.

2. 통일비용 추정방법

통일비용은 국제적인 소요와 국내적인 소요가 발생할 수 있지만, 여기에서는 국내적인 소요 즉 국내비용에 한정하여 추정하고자 한다. 통일비용 추정방법은 연구자들의 연구방법 및 기준 그리고 가정 설정에 따라 여러 가지 방법이 있다. 독일 및 한국에서의 학자별 연구내용을 종합하여 주요 추정방법을 살펴보면 항목별 비용합산 방법, 계량모형 방법, 목표소득방식 등이 있으며, 그밖에 소득격차 해소법, 재정능력 접근법 등이 있다.[209] 이 책에서는 항목별 비용합산 방법, 계량모형 방법, 목표소득방식 등 3가지 방법에 대하여 검토하고 최적의 방법을 제시하고자 한다.

항목별 비용합산 방법은 통일에 수반되는 비용항목을 나열하고 개별

209 국회예산정책처, “한반도 통일의 경제적 효과”, (2014), pp.6-9: 신동진, “통일비에 대한 기존연구 검토”, 『국회예산정책처』 경제현안분석 제64호, (2011), pp.9-11.

항목에서 필요한 비용을 추계하여 합산하는 방식이다.[210] 이 방식은 독일의 통일에 실제 투입된 비용을 적용한 것으로 위기관리비용, 제도통합비용 등 단기성 소모비용과 경제적 투자비용의 장기적 비용을 포함하여 추정한다. 이 방식은 독일에서 적용한 것을 한반도에서 동일하게 적용할 수 있을 것이라는 전제로 출발했기 때문에 통일비용을 항목별로 추정하는 데 의의가 있으나 한반도의 상황이 독일과 다르다는 단점이 있다. 즉, 중장기적 남북한의 경제적 격차 해소를 위한 비용추정이 많아 비현실적일 수 있다.

계량모형(CGE모델) 방법은 비용을 최소화하는 모델을 설정하여 통일비용을 추정한다. 계량모형 방법은 거시경제 변수에 의존하므로 추계대상의 사회 · 경제적인 상황을 고려하여 지나치게 현실경제를 단순화할 경우 추계범위의 오차가 크게 나타난다. 그리고 통일이 이루어지는 경로에 따라 소요되는 비용항목의 중요도와 비용 소요의 시기적 적절성을 구체적으로 고려하지 못하는 한계가 있다.[211]

목표소득방식은 북한지역 주민의 소득이나 GDP 등과 관련하여 일정한 목표를 설정하고, 이 목표에 도달할 때까지 소요되는 비용을 통일비용으로 추계하는 것이다.[212] 즉, 북한의 1인당 GDP 수준을 목표로 설정하고, 남한의 재정지출 및 총투자액을 추정하는 방식이다.[213] 목표소득방식을 산출하기 위해 주로 사용하는 지수는 한계자본산출비율(Incremental Capital Output Ratio)[214]로서 경제성장률 대비 투자율을 의미

210 국회예산정책처, 앞의 책, p.7.

211 박태규, "한반도 통일에 따른 소요비용의 추계와 재원조달방안", 『한반도 통일시의 경제통합전략』 한국개발연구원 (1997), p.448.

212 현대경제연구원, "동서독 통일 20년 평가와 시사점", 『경제주평』 통권 415호 (2010), p.8.

213 국회예산정책처, "한반도 통일의 경제적 효과", 앞의 책 p.6.

214 일정기간 동안의 생산량에 대한 자본량의 비율 즉, 생산량을 O, 자본량을 K로 하여 보통 (K/O)로 표시하며, 자본계수가 높으면 자본의 생산효과가 낮아진다. 새로 추가되는 생산량 1단위와 이를 생산하기 위해 필요로 하는 자본의 추가량의 비율(ΔK/ΔO)을 한

한다. 북한의 한계자본산출비율을 남한 경제의 과거 경험을 참고하여 가정하고, 목표한 북한의 소득수준에 도달하기에 필요한 비용을 통일비용으로 산출할 수 있다. 이 방식에서 주로 사용하는 통일비용의 투입기간은 연구자별 다른 기준으로 가정하므로 논리적이고 타당성 있는 제시가 필요하다. 목표소득방식은 거시경제적 판단에 의한 Top-down 형식의 방법으로서 위기관리비용 등 세부항목의 누락으로 추정에 대한 오차가 발생할 수 있다. 그러나 이 방법은 남북 간의 소득 격차를 줄이고자 하는데 목적이 있으며, 남한과 북한의 소득의 격차가 심화된 현 상황에서 가장 적절한 방법일 수 있다.

계자본계수라고 하며, 자본계수의 역수(O/K)는 자본의 산출효과(산출계수) 혹은 자본생산성이라고 한다. 즉 한계자본산출비율을 알면 한 해에 어느 정도 규모로 투자했을 때 어느 정도 규모의 국민소득이 증가하는지를 측정할 수 있다.

제5장

군비감축 절약비용이 통일비용에 미치는 영향

제1절 군비감축 절약비용 산출

1. 군비감축의 범위 및 대상

앞에서 전개한 제3장의 군비감축 접근방법을 논하면서 군비감축의 기본원칙 중에서 안보와 군사력 측면을 강조한 바 있다. 군비감축은 남한의 국익 차원에서 안보가 우선 보장되어야 하고, 군비감축이 진행되는 동안이나 통일 후 주변의 잠재적인 위협에 대하여 침략을 예방하고 주권을 확보할 수 있는 정도의 군사력을 준비한 상태에서 군비감축이 추진되어야 한다. 공세적 현실주의 차원에서 선제적 군비감축은 국가의 안전이 보장된 상태에서 추진되어야 하고, 이를 위해 미국과의 동맹은 유지되어야 하지만 미군이 부재한 만일의 상황에 대비하여 책에서는 한반도 자체의 능력만을 고려하였다. 이를 다시 정리하면 국가를 방호하는 데 최소한의 군사력을 보유해야 하며, 국가의 안보는 통일 후 잠재적 위협까지 대비해야 한다는 것이다. 이러한 측면에서 최소한의 군사력 보유의 기준이 무엇이며 어느 정도의 군사력으로 편성해야 안전을 보장할 수 있는지 검토하고, 편성의 실질적인 요소인 병력을 중심으로 보유해야 할 최소한의 적정군사력을 살펴보기로 한다.

1) 적정군사력

(1) 영향요인 분석

적정(適正)이란 사전적 의미로 알맞고 바른 정도 또는 알맞은 수준 및 규모의 뜻을 가진다. 이런 의미에서 적정군사력은 알맞은 규모의 군사력이라고 볼 수 있는데, 박휘락은 특정 국가의 상황과 여건에 맞는 최적의 병력규모가 존재한다고 한다.[215] 합동전력 용어해설집에서 군사력은 "국가의 안전보장을 위한 직접적이며 실질적인 국력의 일부로서 군사작전을 수행할 수 있는 군사적인 능력과 역량"[216]라고 정의하고 있다. 주용식은 적정군사력의 건설을 "통일 후 직면하게 될 가상적국의 침략에 대하여 통일 한국군 단독으로 거부적 억제를 시행할 수 있는 능력을 확보하는 것이며, 한미동맹 유지 시에는 한미연합전력에 의한 보복적 억제를 시행할 수 있는 전략을 구축하는 것(보복적 억제전력 ≧ 적정군사력 ≧ 거부적 억제전력)"이라고 하였다.[217] 권양주는 적정군사력과 관련하여 군사력 자체보다 군사전략에 중점을 두고 있다. 적정군사력은 주변국의 군사능력에 따라 결정된다. 남한의 경우 북한의 침략으로부터 방호할 수 있는 수준의 군사력 보유가 필요하며, 필요시 미군의 주둔을 전략에 포함해야 한다고 주장한다.[218] 이러한 군사력에 영향을 미치는 요인은 군사이론가와 학자들의 연구방향에 따라 다양하다. 일반적으로 많은 영향을 미치는 요인을 보면 안보위협과 국제관계, 경제력과 인구 등이 중요한 변수로 인식되고 있다.

국제정치학에서는 군사력을 국가의 물리적인 힘이라고 논하며 힘과 균형이 갖추어 짐으로서 안보를 보장할 수 있다고 한다.[219] 월츠는 세력

215 박휘락, "통일 한국군의 적정군사력에 관한 연구: 점증모형에 의한 접근", 『한반도의 군비통제』 제55호, (2014), p.5.

216 합동군사대학교, 『합동전력용어해설집』 (2016).

217 주용식, "통일 한국의 군사통합과 적정군사력 연구", 박사학위 논문, 숭실대학교, (2013), pp.38-39.

218 권양주 외, 『남북한 군사력의 현재와 미래』 (서울: 국방연구원, 2010), pp.275-278.

219 힘이 약한 국가가 안보위협에 대처하기 위해서 현실주의 입장에서 세력균형 전략을 선택하게 된다. 즉, 힘이 약한 국가는 강대국과 동맹을 맺거나 중립 추구 또는 군비 증강 중 하나 또는 병행 전략을 통하여 안보위협에 대처한다. 조동준, "안보위협에 대처하는 중소국의 선택", 『안보위협과 중소국의 선택』 세계정치 11 제30집 1호,(서울: 서울대학교 국제문제연구소편, 2009), pp.12-14.

균형 이론에서 국가의 생존수단은 힘이라고 하고 전쟁의 위협에 대비하기 위해서는 군사력을 갖추어야 한다고 한다.[220] 공격적 현실주의 이론의 대표 격인 미어샤이머도 국가 생존의 중요 변수를 군사력이라고 보았다. 방어적 현실주의자인 월츠는 군사력 즉, 힘은 적정수준을 보유해야 하며, 힘을 적게 가지면 주변국으로부터 안보에 위협을 당하고 너무 많은 힘을 가지면 주변국을 위협할 수 있다고 주장하면서 적정군사력 수준을 강조하였다.[221] 함택영과 박영준은 힘의 개념을 군사력이라고 볼 때 내부적으로 군사력의 증강을 통해 자국을 보호할 수 있으며, 외부적으로는 국가 간 협력을 통해 보완할 수 있다.[222] 라고 하면서 군사력과 국제관계의 영향에 대하여 강조하였다. 한 국가가 적의 침략을 저지하기 위해서는 상대 국가에게 억지 능력이 있다는 것을 인식시켜줄 필요가 있다. 성공적인 억지를 달성하기 위해 그레이엄 엘리슨(Graham T. Allison)은 4C[223]의 요소를 갖추어야 한다고 하며, 이들 네 가지 요소는 덧셈이 아니라 곱셈의 역할을 하며 하나라도 부족하면 '영(0)'이 된다는 것이다.

독일의 경우 통일의 군사력을 37만 명으로 결정하였는데, 이유는 동독에 주둔하던 소련군이 38만 명이었으며 소련이 철수하여 우랄산맥 서쪽에 배치할 예정이었고, 통일 독일의 병력은 그보다 적어야 한다는 점을 고려하였다. 이러한 병력감축에 영향을 미친 요인은 첫째, 국제관계

---

220 Kenneth Waltz, Theory of International Politics (New York: McGraw-Hill, 1979), pp.103-116.

221 Kenneth Waltz, Man, The State and War: A Theoretical Analysis (New York: Columbia University Press, 1959), pp.222-223.

222 이동선, "현실주의 국제정치 패러다임과 안전보장", 함택영 · 박영준 편, 『안전보장의 국제정치학』 (서울: 사회평론, 2010), p.85.

223 Graham T. Allison의 4C는 역량(Capability: 이익을 상회하는 비용의 부과), 신뢰성(Credibility: 비용의 부과에 대한 상대의 믿음), 명확성(Clarity: 행위 발생시 발생되는 비용), 의사소통(Communication: 위반의 결과에 대한 상대의 이해) 등 네가지 요소이다. Graham T. Allison, "북한 억제의 도전: 성공과 실패 경험과 교훈", 『전략환경 변화에 따른 한국 국방과 미래 육군의 역할』, 서강육군력 총서 4, 이근욱 역, (서울: 서강대학교 육군력연구소, 2019), p.253.

요인으로서 독일과 소련의 관계, 미국의 협조와 지원, 영국과 프랑스의 협조 등 당시의 국제질서를 반영하였다. 둘째, 군사적 요인으로서 통일 후 NATO 잔류문제, 독일과 소련의 국경지역의 소련군 규모, 군사전략 및 군사통합 방식 등이었다. 그밖에 영향을 미친 요인은 정치적 요인과 경제적 요인, 사회적 요인 등으로 분석되었다.[224]

이기덕과 이선규는 한반도 통일 후 적정군사력의 영향요인을 1차 계층과 2차 계층의 대분류와 소분류 형식으로 구분하여 분석하였다. 먼저 델파이분석을 통한 설문결과로 영향요인을 선정하고 AHP기법으로 영향요인을 계층화 모형으로 설계하여 분석하였다. 분석결과 영향을 크게 미치는 요인은 국제관계 및 국제질서에서 한미동맹 관계와 한반도 주변 안보환경, 군사적 요인에서 통일 후 국방정책 및 군사전략, 주변 4강의 군사력 규모 그리고 경제적 요인으로 국가경제력 수준과 통일 한국의 GDP 대비 국방비 규모 등이 있다. 연구결과를 보면 군사력에 영향을 미치는 이론가 및 연구원들이 제시한 안보위협과 국제관계, 경제력과 크게 다르지 않았다. 따라서 한반도의 적정군사력은 안보위협과 국제관계를 연계하여 추계하고자 한다.

(2) 적정군사력 추계

제1차 세계대전과 제2차 세계대전의 전쟁원인은 다양하지만, 국가간 군사력 측면에서 분석한 결과를 고려하면 국가간 군비경쟁에 의하여 군사력 격차가 벌어졌을 때 전쟁이 발발하였다.[225] 제1 · 2차 세계대전에서 대부분의 국가는 군사력 균형을 위해 군비경쟁을 통하여 세력을 유지하였으나, 군사력이 미약한 이탈리아와 오스트리아, 헝가리는 독일의 편

---

224 이기덕 · 이선규, "통일 후 적정군사력 규모 산정에 미치는 영향 도출 및 중요도에 관한 연구", 『군사논단』 제84호 (2015), pp.50-51.

225 김명수, "세력균형(Balance of Power)에서의 군사력 수준과 동북아시아에 주는 함의", 『STRATEGY 21』 한국해양전략연구소 통권 제38호 Vol. 18, No. 3, (2015), pp.134-135.

에서 국가의 생존을 유지하려 하였고 결국 오스트리아와 헝가리는 패전국이 되었다. 국제사회에서는 전쟁의 예방을 위해서 적정군사력이 필요하지만, 전쟁으로부터 국민의 생명과 재산을 보호하기 위해서도 적정군사력의 보유는 중요한 의미가 있다.

① 적정 병력수 추계

적정군사력과 관련된 기존의 연구를 살펴보면 박재하는 GDP 및 안보위협 정도, 무기체계 능력, 전투병력의 질적 수준 등에서 남북한과 유사한 안보환경을 지닌 국가들을 비교하여 통일 후 적정병력을 57만 명으로 판단하였다.[226] 김충영은 한반도와 비슷한 국토와 인구, 경제수준이 비슷한 스페인, 터키, 이탈리아 등의 국가 비교를 통하여 적정 병력수를 인구대비 0.6~0.7%인 40만~46만으로 판단하였다.[227] 조동호는 병력규모를 인구와 경제력의 함수로 가정하고 병력을 산출하였는데, 통일 후 적정 병력을 44만 명으로 추산하였다.[228] 이병근 · 유승경은 인구와 GDP, 안보위협을 기준으로 세계 60개국의 자료를 이용하여 선형회귀방정식을 이용하여 적정 병력수를 46만으로 판단하였다.[229] 윤진표는 김충영과 유사한 방법으로서 독일과 유사한 지정학적 안보환경 이스라엘과 주변국인 일본과 비교하여 적정 병력수를 42~48만 명으로 추산하였다.[230] 이철기는 세계 10위권 수준의 중견 국가 중 독일과 일본을 참고하

---

226 박재하, "이상적인 인력모델링에 의한 남북한의 군축인력 규모 분석", 『국방논집』 제16호 (1991), pp.76-78.

227 김충영, "단순비교법에 의한 통일후의 군사력 소요 및 전력배비", 『국방논집』 제20호 (1992), p.78-115.

228 조동호, "통일의 경제적 비용과 편익", 『분단비용과 통일비용』 (서울: 민족통일연구원, 1997), pp.56-109.

229 이병근 · 유승경, 『한반도 군비감축의 경제적 효과:연구보고서 98-12』 (서울: LG경제연구원, 1998), p.10.

230 윤진표, "군비통제정책과 군사력정비정책의 조화방안", 『제8회 군비통제 세미나』 국방부 군비통제관실 (1998), p.63.

여 적정 병력수를 24~28만 명으로 추산하였으며, 육군과 해군 및 공군의 적정한 비율과 소수 정예의 기술집약적 군을 강조하였다.[231] 제정관은 안보 유사 국의 사례 및 한반도 주변국의 군사력 변화 추세, 장차전 양상 및 무기체계 발전 등을 고려하여 적정 병력수를 55만 명으로 추산하였다.[232] 박용한은 주변국의 병력구조 및 병력구조와 연계한 적정 국방비 수준 범위 내에서 현실적인 군사력 보유능력과 안보위협을 고려하여 통일 한국의 적정 병력수를 50만 명으로 판단하였다. 부족한 전투력은 예비군을 정예화하여 예비전력의 강화 필요성에 대하여 주장하고 있다.[233]

주용식은 통일 한국의 군사정책 방향과 군사전략의 기본개념을 토대로 델파이 기법을 적용하여 56~63만 명 수준으로 적정군사력을 판단하였다.[234] 고시성은 회귀분석을 이용하여 50개 국가를 대상으로 적정군사력 수준을 34.3만으로 판단하였다. 판단안은 2050년까지 주변환경과 한국의 인구감소를 고려하여 점진적으로 축소해야 한다고 주장하였다.[235] 기존의 연구결과 적정 병력수를 정리하면 〈표 5-1〉과 같다.

통일 한국의 적정 병력수는 평균적으로 보면 45.5~50.1만 수준이나 적게는 24만에서 많게는 63만으로 연구자별 차이가 다소 발생한 것으로 판단된다. 차이가 나는 이유는 이철기의 경우 병력수 보다 해공군의 기술집약적 군사력에 중점을 둔 것이며 주용식의 경우 현역군의 설문을 통한 분석으로 군의 특성이 반영된 것으로 판단된다. 연구자의 대부분은 인구대비 병력수의 비율이 0.6~0.7 수준으로 평균값에 유사한 수준으로

---

231 이철기, "남북한 적정군사력과 통일국가의 군사력 수준", 『통일문제연구』 통권 제32호, (1999). pp.114-117.

232 제정관, "남 · 북한 군사통합방안과 통일국군 건설방향", 『군사논단』 29호,(2001), p.91.

233 박용한, "통일 한국 적정군사력 추계화 남북한 군비통제 함의", 『북한연구학회보』 제22권 2호, (2018), pp.103-104.

234 주용식, 앞의 책, p.217.

235 고시성, "미래 한국군의 적정 상비병력 규모 판단을 위한 실증적 연구", 『군사논단』 101호, (2020), p.97.

<표 5-1> 통일 한국의 적정 병력수 판단

구분	적정병력수 (명)	병력수/인구수 (%)	판단연도 (년)	고려 변수
박재하	57만	0.934	1991	• 유사 안보환경 국가 등
김충영	40~60만	0.6~0.7	1992	• 유사 안보환경 국가 등
조동호	44만	0.64	1997	• 각국의 인구와 경제력 등
이병근 외	46만	0.67	1998	• 세계 60개국 인구 및 GDP 등
윤진표	42~48만	0.6~0.7	1998	• 중위권 국가 인구대비 병력
이철기	24~28만	0.58	1999	• 중위권 국가 인구대비 병력
제정관	55만	0.7~0.85	2001	• 유사 안보환경 국가 등
주용식	56~63만	0.8~0.9	2013	• 주변국 관계 및 인구대비 병력
박용한	50만	0.63%	2020	• 주변국 병력구조 및 규모
고시성	34.3만	·	2020	• 남자인구, 국방비, GDP, 병역제도 등

판단하였으며, 종합하면 평균 45만에서 50만이 된다.

이철기는 통일 한국의 병력수를 추산할 때 군별 균형발전과 해양에 둘러싸인 반도 국가라는 점 그리고 군비감축과 관련하여 지상전력에 대한 적정 군사 수를 고려해야 한다고 하면서 적정 비율을 한반도와 유사한 이탈리아 및 스페인 등의 국가를 비교하여 60:20:20이 적절하다고 판단하였다.[236] 군별 구성비율을 국가별 특성을 고려하여 살펴보면 〈표 5-2〉와 같다. 한반도와 유사한 대치국가 및 지정학적 유사국가의 경우 육군 비율이 높고 해양 및 내륙국가의 경우 해군 및 공군의 비율이 높게 나타났다.

2018년 한국의 육해공군 비율은 77.5 : 11.7 : 10.8로써 육군 비율이 높았으며,[237] 주용식의 델파이 기법으로 군 전문가 그룹을 설문한 결과는

236 이철기, "앞의 책, p.116.

237 국방부, "국방개혁 2.0", 『국방개혁실』 (2019). p.29.

육해공군의 비율이 60 : 20 : 20으로 분석되었다. 현재 육군의 비율이 높은 것을 인식하고 있으며, 향후 해공군의 비율이 높아야 함을 공감하고 있다.

<표 5-2> 국가 유형별 군별 구성비

구 분	국 명	육군(%)	해군(%)	공군(%)
평 균		65.75	14.63	19.63
지정학적 유사국가 (반도국가)	이태리, 스웨덴, 네들란드, 터키, 그리스	71.9	12.6	15.5
내륙국가	중국, 프랑스, 폴란드	65.9	11.0	23.1
해양국가	미국, 영국, 일본	50.0	24.3	25.7
대치국가	터키, 대만, 이스라엘,	75.2	10.6	14.2

출처: 국군정보사령부, 『세계의 군사력』(서울: 국군인쇄창, 2015); 주용식, 앞의 책, p.219를 참고하여 재작성.

② 적정병력 규모 추계

적정군사력의 추계에서 병력수에 대한 연구는 있지만, 무기체계와 관련된 적정수량에 대한 연구는 미흡한 수준이다. 홍봉기는 주변국과의 분쟁에 대비하기 위한 방위전략으로 상대적 균형전략을 염두에 두고 통일 후 한반도의 위협을 고려하여 적정군사력을 판단하였다.[238] 일본과는 독도 영유권 문제와 관련하여 일본이 독도에 투입되는 전력을 판단하여 대응할 수 있는 통일 한국의 군사력을 추정하였다. 중국과는 이어도 및 한반도 북방 영토문제와 관련하여 중국이 투입되는 전력에 대비하여 예상되는 전력을 추정하였다. 러시아와는 극동지역에서 러시아 국가이익과 연관하여 투입되는 전력을 판단하고, 이에 대응할 적정군사력을 추정하였다. 주변 3개국과 절대적 군사력 면에서는 불리하고, 이에 대응할 군

238 홍봉기, "통일 한국의 적정군사력에 관한 연구", 박사학위논문, 대전대학교, (2016), pp.223-224.

사력을 건설할 수는 없지만 상대적 균형 및 우위를 달성할 수 있는 최대 공약수를 찾는다면 통일 한국 단독의 전력으로도 전쟁을 유리하게 종결시킬 수 있음을 제안하였다.

이철기는 병력수와 부대구조를 연계시키는 방법으로 산출을 하였다. 통일 한국이 적정 병력수를 육 · 해 · 공군별 비율을 고려하여 병력을 재산출하고, 산출된 병력의 부대구조와 규모를 산정하면 무기별 소요를 산출할 수 있다.[239] 감축시킬 무기의 선정은 유럽에서 CFE 상의 조약제한장비(TLE: Treaty Limited Equipment)인 전차, 장갑차, 포병화력, 공격용 헬기, 전술기 그리고 1천 톤 이상의 해상전투함과 잠수함 등 7개 항목을 대상으로 판단하였다.

서정원은 육군과 해군 및 공군의 위협에 대한 적정 방호수준을 기존의 연구자료를 활용하여 제시하였다.[240] 위협중심 소요판단을 적용하여 통일 한국이 주변국과 전쟁 발발시 투입되는 전력에 대한 대응수준으로 판단하였다. 육군의 경우 거부적 억지와 적극적 방위 구현을 위해 냉전시대 NATO군이 소련군의 공격에 대비하여 적정군사력을 판단하는 기준인 공격에 대한 방어비율 3 : 1의 전력비를 적용하여 판단하였다. 이 비율은 육군에서 북한에 대한 방어전략으로 현재 적용하고 있는 개념과 동일하다. 해군과 공군의 적정 소요판단은 전력규모 산출 분석이론에 기초하여 상대국 대비 70% 수준으로 거부적 방호 달성이 가능한 것으로 판단하였다.[241]

주변국과의 분쟁에 대비하기 위한 방위전략으로 한반도의 위협을 고

239 이철기, 앞의 책, pp.118-119.

240 육군은 공격과 방어시 승리할 수 있는 전투력의 비율을 공자는 3배 방자는 1/3 수준으로 판단하고 실제 작전에 운용하고 있다. 주은식 역, 『전쟁의 이론과 해석』, (서울: 한원, 1994), pp.60-68; 서정원, "통일기 적정 상비병력 소요판단 절차에 관한 연구", 『한국전략문제연구소』 전략연구 24, (2017), pp.169-170.

241 키꾸치 히로시, 『전략기초이론』 국방대학원 역, (서울: 국방대학원, 1993), pp.157-161; 키꾸치 히로시, 『전략기초이론』 육군대학 역, (대전: 육군대학, 2003), pp.167-170; 정호섭, "21세기 한국해군전략 소고," 『해양전략』 제83호, 해군대학, (1994), p.157.

려하여 적정군사력을 판단한 홍봉기의 판단은 적절한 것으로 판단되나 지역적 판단으로 종합적인 적정 무기수를 판단하기가 어렵다. 통일 한국의 적정 병력수를 육해공군별 비율을 고려하여 병력을 재산출하고 산출된 병력을 부대구조와 연계하여 규모를 산정하여 무기별 소요를 판단한 이철기의 판단도 일반적인 연구자들이 판단한 내용을 적용하였다는데 의미가 있으나, 통일 한국이 처할 주변국의 위협을 고려하지 않은 제한사항이 있다. 서정원이 제시한 위협중심 소요판단은 통일 한국이 주변국과 전쟁 발발시 투입되는 전력에 대한 대응수준으로 판단함으로써 적절한 것으로 판단되나, 중국과 일본의 상대적 전투력의 차이가 있으므로 군사력 비율 적용 시 재판단할 필요가 있다.

2) 병력 및 부대감축 대상

(1) 감축 대상 병력

감축 대상 병력은 주변국의 위협과 인구대비 병력수를 고려하여 판단하기로 한다. 주변국 위협에 대한 판단은 상대적 균형 또는 방자의 비율 수준을 병행 검토하여 적용하기로 하며, 핵무기에 대해서는 고려하지 않는 것으로 가정한다. 중국과 일본, 러시아를 상대로 전면전 위협을 전제로 적정군사력을 산출한다는 것은 과다한 판단이라고 생각한다. 중국의 인구와 병력수 면에서 통일 후 병력을 판단하면 남북의 통합병력 차원에서는 공방비율 수에서 방어에 문제가 없으나, 통일 한국의 예상되는 병력을 고려하면 상대적 열세가 될 수 있다. 특히, 해군과 공군의 구성면에서는 절대적 열세이다. 주변국의 병력구성을 살펴보면 〈표 5-3〉과 같다. 육군의 경우만 고려하면 중국의 200만과 남한의 60만 비교시 공방의 비율에서 조금 부족하게 판단되지만, 중국의 실질적인 위협에 대하여 분석하면 상황은 달라질 수 있다.

통일 한국의 지정학적 측면에서 살펴보면 내륙으로는 중국과 직접적

<표 5-3> 주변국 및 한반도 병력 현황

구 분	중국(명)	일본(명)	러시아(명)	한반도(명)		
				한반도	남한	북한
계	2,035,000	247,150	900,000	1,879,000	599,000	1,280,000
육군	975,000	150,850	280,000	1,564,000	464,000	1,100,000
해군	240,000	45,350	150,000	130,000	70,000	60,000
공군	395,000	46,950	165,000	175,000	65,000	110,000
기타	425,000 (전략지원군 등)	4,000 (전략군)	305,000 (지휘 및 지원 등)	10,000	-	10,000 (전략군)

출처: 국방부, 『2018 국방백서』(2019), pp.240-244 내용 재구성.

인 국경을 마주하게 되고 중국의 동북공정 전략에 직접 연계되어 있다. 러시아와도 부분적인 국경선을 형성함으로써 간접적인 분쟁이 발생할 수 있으나 직접적인 위협은 없다고 판단한다. 해양으로는 이어도 영토 분쟁과 독도 영유권 문제로 중국과 일본의 위협이 지속 되며, 러시아와는 해양 이동로 및 해양 자원문제로 분쟁의 여지가 있다. 해양에서의 군사력은 병력보다 해군 및 공군의 무기체계에 의해 영향을 받는다. 무기체계와 병력 면에서 현재와 통일 후에도 육해공군 군별 비교시 상대적으로 부족하다. 더욱이 육군의 경우 공격과 방어의 상대적 비율이 3:1로서 1/3의 병력이면 가능하나, 해공군의 경우 10:7의 비율이 적용되어야 함을 고려할 때 오히려 증강이 필요한 상황이다.

중국은 한반도 통일 후 동북공정의 일환으로 현재의 국경선에서 백두산을 포함한 청천강 이북의 지역을 중국의 역사로 연계시키려고 하고 있다. 청천강 이북지역을 직접 획득하려 하지 않더라도 한반도 북쪽의 조선족 자치구를 포함한 선양, 창춘 등의 지역에 대한 지배권을 확정 짓기 위해서 정치적 목적으로 청천강 이북지역에 대한 의도적인 공격을 감행할 수 있다. 중국의 이러한 목적으로 이 지역에 투입 가능한 지상부대

전력을 판단하면 선양과 베이징, 난징 등 3개 전구 전력으로 예상된다.[242] 중국의 일반적인 공격양상을 고려할 때 신속대응부대를 우선 투입하고 다음으로 전략예비대 및 후속부대를 투입할 것으로 판단된다.[243] 총 투입전력은 5개 집단군과 5개 사단 그리고 1개 여단으로 판단하고 있으며, 세부내용은 〈표 5-4〉와 같다.

<표 5-4> 중국의 한반도 북방 투입전력

구 분	투입전력	투입인원(천명)
계		310
응급기동전투부대	2개 사단(난징전구)	20
주력부대	3개 집단군(선양전구)	150
전략예비대	2개 집단군(난징전구, 베이징전구)	100
상륙지원부대	해군육전대 1개 여단	10
상륙부대	2개 사단(난징전구)	20
공수부대	1개 공강사단(제15공강 집단군)	10

출처: 홍봉기, "통일 한국의 적정군사력에 관한 연구", pp.207-208. 투입인원 판단은 1개 집단군을 5만 명, 사단 및 여단은 1만 명으로 추산했을 때 총 31만 명으로 판단된다.

한반도 북방지역에서 지상군의 공격과 방어의 비율 3:1을 고려하면 11만 명으로 방어가 가능하다. 이어도에서의 중국과 분쟁 및 독도에서의 일본과의 분쟁 경우에도 국지적인 분쟁을 고려하면 상대적 균형유지 및 방어가 가능할 수 있다. 주변국의 위협은 국지전 차원에서 분석할 경

242 중국은 2016년 2월 7대 군구를 해체하고 동부, 남부, 서부, 북부, 중부의 5대 전구로 개편하였다. 전구는 육군과 해군, 공군과 로켓군 및 전략지원부대를 통합지휘하는 연합작전 지휘 기구이며 전구별 2~3개 집단군을 편성하고 있다. 한반도에 투입가능한 전구는 선양의 북부전구, 베이징의 중부전구, 난징의 중부전구이며 한반도에 직접적인 영향을 주는 전구는 북부전구이다. 육군교육사령부 "월간 작전환경분석", 3월호, (2019), pp.11-12.

243 국방정보본부, "중국정세 세미나", (2009), pp.16-17; 홍봉기, 앞의 책, pp.205-206; 서정원, 앞의 책, pp.168-169.

<표 5-5> 국가 유형별 인구 대비 병력수

구 분		인 구(천명)	병력수(천명)	병력수/인구수(%)
평 균		-	-	0.66
주변국	평 균	-	-	0.32
	중 국	1,420,062	2,035	0.14
	일 본	126,854	247	0.20
	러시아	143,895	900	0.63
국민소득 유사국	평 균	-	-	0.82
	이탈리아(반도국)	59,216	176	0.30
	그리스(반도국)	11,124	133	1.20
	스페인	46,441	111	0.24
	독일(유사국)	82,438	179	0.22
	이스라엘(대치국)	8,583	177	2.06
	대만(대치국)	23,464	215	0.92

출처: 통계청, "2018년 국가별 인구동향"; 국방부, 『2018 국방백서』(2019), p.242 내용 재구성.

우 문제가 없고 전체적인 군사력으로 보면 해군 및 공군에서 절대적 열세이므로 적정 병력수를 산출하는 것은 제한이 있다. 따라서 적정병력의 수는 한반도 인구대비 병력수로 산출하고자 한다. 인구대비 병력수의 산출은 주변국 및 국민소득 유사국을 적용하였으며, 국민소득 유사국에는 한반도와 유사한 반도국가 및 적과 대치하고 있는 국가를 포함하였다. 〈표 5-5〉와 같이 주변 3강은 평균적으로 인구대비 병력수는 적게 편성되었으며, 적과 대치하고 있는 국가는 상대적으로 병력수가 많이 편성되었다. 국가별 전체 평균은 0.66%로서 상위의 연구자들이 적용한 0.6~0.7%의 범위 안에 포함된다. 따라서 통일 한국의 적정 병력수는 남북한 전체 인구대비 0.66%를 적용하여 산출하면 507,909(이하 50만)명이 산출된다.[244]

---

244 통계청, "2018년 국가별 인구동향"에서 2017년 현재 남북한 총 인구 76,956명(남한

이 병력수는 국방부에서 2022년까지 감축하고자 하는 50만 명과 유사한 수치이다.[245] 이 수치는 현재 남한의 병력 599,000명 기준으로 약 10만 명이 감축되는 것이다.

(2) **감축 대상 부대 및 무기**

육군은 국방개혁의 일환으로 병력을 지속하여 감축하고 있으며, 향후 육군의 10만 명 감축은 2개 군단과 6개 사단의 감축이 핵심이다. 무기체계의 감축수준을 군 병력 46.4만에서 36.5만으로 줄어드는 비율로 무기체계를 감축하는 것으로 가정하면 병력의 감축 비율은 21.1%(이하 20%)이므로 무기의 감소비율도 20% 감축하는 것으로 산정할 수 있다. 이러한 비율로 국방백서에 제시된 무기체계와 감축대상 무기 수량을 계산하면 〈표 5-6〉과 같다.

<표 5-6> 주요무기체계 감축 수량

구 분	종류	보유수	감축방법	감축수량
전 차	K-1, K1A1, K-2 등 8종	2,300대	20% 적용	460대
장갑차	K200, K21, K806/808 5종	2,800대		540대
야포	K-9, K55, KH179 등 6종	5,800문		1160문
다련장	다련장로켓, MLRS 등 4종	200문		40문

출처: 국방부, 『2018 국방백서』(2019), p.244 내용 재구성.

그러나 군단 및 사단의 무기체계는 위에 제시된 주요무기 외 수백 종의 무기와 장비 및 물자가 존재하므로 일부 무기체계로 한정하여 산출하

51,466명, 북한 25,490명)에서 산출한 내용이다.

245 국방부, "국방개혁 2.0", p.29. 국방부는 해군과 공군의 병력은 크게 변동없이 육군의 병력 위주로 10만을 줄이는 계획을 구상 중에 있다. 남한의 병력감축은 한반도 긴장 완화의 가시적인 조치로서 상징하는 바가 크므로 북한에도 이에 상응하는 수준의 병력감축을 요구할 필요가 있다.; 정경영, 앞의 책, p43.

면 실제보다 적은 무기체계를 산출하게 된다. 따라서 군단 및 사단의 전체 무기 및 장비와 부대운영 및 부대자산에 따른 예산을 산출함으로써 실질적인 감축비용을 산출할 수 있다.

군단의 경우 3개 사단과 포병여단, 기갑여단, 공병여단 및 군지여단 등 3~4개 여단 그리고 8~10개의 직할대로 구성되어 있다.[246] 각 부대별 무기체계의 편성을 대상으로 무기수를 판단하는 것은 현재 비밀로 분류되어 있기 때문에 1개 군단과 1개 사단의 평균예산을 적용하여 전체 감축비용을 산출하고자 한다. 군단 및 사단의 부대운용 예산 및 자산은 육군의 운영예산 자료를 기준으로 적용하였다.

2. 군비감축 대상별 절약비용 산출

1) 병력감축 절약비용 산출

남한의 병력은 2019년 기준 60만 명 중 병사가 차지하는 비중이 64%이며, 장교는 9.0%, 부사관 19%, 군무원 및 기타인력 8%로 되어있다. 이중 육군 야전부대의 경우 병이 65%, 장교 8.5%, 부사관 25%, 군무원이 1.5% 수준으로 편성되어 있다.[247] 육군의 10만 명 감축은 2개 군단 및 6개 사단의 감축병력과 유사한 수준이다. 군단 및 사단의 병력구조는 육군 모집인원 및 현 육군의 계급구조 등을 분석하여 산출하였다. 계급구조에 따른 인건비(봉급)는 중간계층의 계급을 기준으로 하였으며, 봉급에는 급여와 급식비, 피복 및 간접비 등이 포함되고, 계급구조별 인건

246 위키백과, 대한민국_육군의_부대_조직_및_편성_목록, https://ko.wikipedia.org/wiki/ (검색일자: 2019년 7월 8일).

247 백제옥 · 정희원, “국방분야 민간인력 활용방향”, 국방정책연구 제3호, (2017), p148, 168.; 위키백과, “국방개혁 2020”, https://ko.wikipedia.org/wiki/%EA%B5%AD%EB%B0% A9%EA%B0%9C%ED%98%81_2020(검색일자: 2020. 5월 2일); 국방부 보도자료, “국방개혁 2.0”, (2018), pp.3-5. 등의 자료를 참고하여 정리한 자료임.

<표 5-7> 계급구조별 인건비

구 분	계	장교	부사관	병	군무원
인원수(명)	100,000	8,500	25,000	65,000	1,500
봉급기준	-	소령	상사	상병	6급
봉급액(천 원)	-	71,000	59,000	8,010	64,000
산출금액(억 원)	23,682	6,035	11,481	5,206	960

출처: 육군본부, "2019년 봉급기준표",『육군통계포탈』; 국방부, "2019년 국방통계자료", 『국방통계 연보』(2020).

비를 산출하면 〈표 5-7〉과 같다.

군단 및 사단의 출신별 구성을 종합하면 전체인원 10만 명 중 장교와 부사관이 33,500명이고 병사가 65,000명 그리고 군무원이 1,500명으로 산출되었으며, 야전은 부사관의 구성비율이 높아 가장 많은 금액이 산출되었다. 인원 구조별 인건비를 산출한 결과 총 비용이 23,682억 원이며, 통일까지의 기간을 10년으로 가정하면 236,820억 원의 절약비용을 산출할 수 있다.

군단 및 사단의 감축 인원 중 장교와 부사관 그리고 병은 양성교육 비용과 보수교육 비용이 있는데, 보수교육 비용은 일관성이 없고 정확한 예산 산출이 제한되어 양성교육 비용만으로 산출하면 〈표 5-8〉과 같다.

<표 5-8> 현역군인 양성교육 비용

구 분	계	장교	부사관	병
인원수(명)	100,000	8,500	25,000	65,000
교육비용(천 원)	-	89,203	5,459	2,255
산출금액(억 원)	10,413	7,582	1,365	1,466

출처: 육군본부, "2018년 육군 1인당 장병 양성비용 현황",『육군통계포탈』

장교의 경우 육사와 3사, 학군과 학사장교의 양성교육 비용을 기준으로 판단하였다. 장교의 경우 인원수는 적지만 가장 많은 교육비용이 발생하였다. 장교 및 부사관 그리고 병의 총 양성교육 비용은 10,413억 원이며, 통일까지의 기간을 10년으로 가정하고 매년 비용을 누계하면 104,130억 원을 산출할 수 있다. 계급구조별 인건비와 양성교육 비용을 합산하면 34,095억 원이며, 통일까지의 10년 기간을 고려하면 340,950억 원을 산출할 수 있다. 병력감축 비용의 대표적인 금액인 인건비와 양성교육 비용만 고려하여도 34조 950억 원의 통일비용을 절약할 수 있다.

미래는 인구의 감소로 인하여 2050년까지 상비병력 규모는 30~35만 명 수준으로 변화되고, 육군의 병력은 20만 명 수준까지 감축될 수 있다.[248] 추가적인 병력감축을 고려하면 향후 10년 단위로 약 5만 명씩 줄어들게 된다. 2050년까지 5만 명씩 단계적으로 감축되는 병력의 인건비와 양성교육 비용은 〈표 5-9〉와 같이 분석할 수 있다. 2050년까지 약 8.5조 원의 감축비용이 도출되며, 각 단계별 10년 단위 누적 금액을 고려하면, 총 감축비용은 852,390억(약 85조) 원이 산출된다.

<표 5-9> 2050년까지 병력감소를 고려한 감축비용

구분	계	2022년	2030년	2040년	2050년
감축인원(명)	250,000	100,000	50,000	50,000	50,000
인건비(억 원)	59,205	23,682	11,841	11,841	11,841
양성교육비(억 원)	26,034	10,413	5,207	5,207	5,207
총비용(억 원)	85,239	34,095	17,048	17,048	17,048

248 육군본부, 『육군비전 2050』, (대전: 육군본부, 2019), p.155.

2) 부대 수 감축에 의한 절약비용 산출

국방개혁 2.0에서 육군의 10만 명 감축은 2개 군단 및 6개 사단이라고 발표하였다. 2개 군단과 6개 사단 감축에 따른 비용을 변동비용인 운영유지비[249]와 고정비용인 부대자산[250] 및 전비품[251]비용으로 산출하여 살펴보면 〈표 5-10〉과 같다.

<표 5-10> 군단 및 사단의 감축 절약비용

구분		계	운영유지비1) (억 원)	부대자산2) (억 원)	전비품비용2) (억 원)
계		76,142	5,548	47,804	22,790
군 단	소계 (2개 군단)	40,238	2,308	30,056	7,874
	기준 (1개 군단)	20,119	1,154	15,028	3,937
사 단	소계 (6개 사단)	35,904	3,240	17,748	14,916
	기준 (1개 사단)	5,984	540	2,958	2,486

출처: 1) 운영유지비는 2020년 육군 세출예산 부대별 예산집행 현황에서 야전부대 3개 군단 및 각 사단의 비용을 산출한 것이며, 변동비용으로서 연도별로 변화가 발생한다.
2) 부대자산과 전비품 비용은 고정비용으로서 2018년 회계연도 재무결산 보고서에서 야전부대 2개 군단 및 각 사단의 비용을 산출한 것이다. 부대 자산과 전비품비용은 감가상각을 적용하여 산출함으로써 무기 및 장비 등의 실제 자산가격이 단가보다 낮은 금액으로 계산되었다.

---

249 국방과학기술용어사전, (2011): 운영유지비 (Operation And Maintenance Cost, 運營維持費) 현존 전력을 운영 또는 유지하는 데 소요되는 반복적인 성격의 제반 비용. 인력 및 부대 운영비, 장비 운영 및 정비비, 시설공사 및 보수비, 교육 훈련비, 물자 관리 및 보수가, 기타 국방 체제 운영 관리비 등 전력 지수의 감소를 방지하는 일체의 비용을 말한다.

250 부대자산은 군 부대에서 보유 및 관리하고 있는 부대 부지 및 훈련장, 건물 및 각종 시설 등을 말한다

251 국방과학기술용어사전, (2011): 전비품(War Reserve Item, 戰備品)은 전투에 직접적으로 영향을 미치는 군수품, 전투장비 및 전투지원장비와 이들의 운용에 필요한 보조장비(탑재 또는 장착되는 장비 포함) 및 수리 부속, 탄약류 등을 포함한다.

군단 및 사단은 임의의 야전부대를 대상으로 산출하였으며, 여기에는 군단 및 사단의 직할부대가 포함된 감축부대의 운영유지비와 부대자산 그리고 감축대상 무기 및 장비가 모두 포함되어 있다. 산출은 2개 군단과 6개 사단의 평균비용을 계산하고 감축대상 부대수를 곱하여 산출한 것이다. 감축비용은 변동비용인 운영유지비 보다 고정비용인 부대자산과 전비품의 감축에서 절약비용이 많이 산출되었다. 운영유지비는 5,548억 원, 부대자산은 47,804억 원, 전비품 비용은 22,790억 원이 산출되었으며 총산출금액은 7조 6,142억 원이었다. 통일까지의 기간을 10년으로 가정하면 운영유지비가 증액되어 55,480억 원이 되고 총 126,074억 원의 절약비용을 산출할 수 있다. 즉, 군단 및 사단의 감축비용인 운영유지비와 부대자산 및 전비품 비용만 고려하여도 12조 6,074억 원의 비용을 절약할 수 있다.

2050년까지 육군의 병력감축이 10년 단위로 약 5만 명씩 15만 명이 추가 감축하게 되면, 부대수는 3개 군단의 규모가 추가하여 감축하게 된다. 추가적인 병력의 감축은 야전군이 아닌 육군 전체를 대상으로 감축하기 때문에 실제 감축부대는 달라질 수 있으나, 편의상 군단 및 사단과 소속 직할부대의 감축으로 가정하였다. 즉, 군단 및 사단의 감축이 아니며, 이 부대 규모의 병력감축을 가정하여 제시한 것이다. 이 가정을 전

<표 5-11> 2050년까지 부대 수 감소를 고려한 감축비용

구분	계	2022년	2030년	2040년	2050년
감축부대(규모)	5개 군단, 15개 사단	2개 군단, 6개 사단	1개 군단, 3개 사단	1개 군단, 3개 사단	1개 군단, 3개 사단
운영유지비(억 원)	13,870	5,548	2,774	2,774	2,774
부대자산(억 원)	119,510	47,804	23,902	23,902	23,902
전비품비용(억 원)	56,975	22,790	11,395	11,395	11,395
총비용(억 원)	177,765	72,078	35,229	35,229	35,229

제로 추가 감축하는 부대 수를 고려하면 군단의 운영유지비와 부대자산 그리고 전비품 비용은 〈표 5-11〉과 같이 분석할 수 있다. 2050년까지 약 19조 원의 감축비용이 도출되며, 운영유지비의 10년 단위 누적금액 138,700억 원을 고려하면 315,185억(약 32조) 원이 산출된다.

제2절 통일비용 산출

통일비용 추정방법에서 살펴본 주요 방법은 항목별 비용합산 방법, 계량모형 방법, 목표소득방식 등을 확인하였으며, 한반도 상황에서는 목표소득방식이 적절한 것으로 분석하였다. 목표소득방식은 북한의 1인당 국민소득 수준을 목표로 설정하고 한계자본산출계수를 적용하여[252] 남한의 재정지출 및 총투자액을 추정하는 방식이다.[253] 목표소득방식에 의

252 자본계수란 1단위의 생산물을 산출하는데 어느 만큼의 자본액이 필요한가를 나타내는 비율이다. 즉 국민경제 전체의 실물자본량 K와 국민총생산액 Y와의 비율(K/Y)를 가리킨다. 이때 생산물 1단위를 추가적으로 증가시키는데 얼마만큼의 자본액의 증가가 필요한가를 나타내 주는(△K/△Y)를 한계자본계수(marginal capital coefficient)라 한다. 이러한 한계자본계수는 투자율과 함께 경제성장률을 결정한다. 목표소득방식에서 한계자본의 산출식은 '총자본형성/당해연도 국내총생산-전년도 국내총생산'으로 나타낸다.

구 분	국내총자본 (I)(단위:조원)	당해년도 국내총생산(Y)	전년도 국내총생산(Y-1)	국내총생산 증가분(△Y)	산출계수(I/△Y)	
1971	0.6	3.4	2.8	0.6	1.0	평균1.1
1976	2.9	14.4	10.5	3.9	0.7	
1981	11.4	49.3	39.5	9.8	1.2	
1986	15.9	101.8	87.2	14.6	1.1	
1991	41.5	238.9	197.7	41.2	1.0	
1996	84.4	481.1	428.9	52.2	1.6	
2001	136.8	688.1	635.2	52.9	2.6	평균3.9
2006	203.6	966.1	919.8	46.3	4.4	
2011	273.7	1,332.7	1,265.3	67.4	4.1	
2016	354.4	1,641.9	1,564.1	77.8	4.6	

출처: 기획재정부, 『한국통합재정수지』중앙정부 통합재정규모: 2017년까지 결산기준, http://www.index.go.kr/potal/stts/idxMain/selectPoSttsIdxSearch.do?idx_cd=2739&stts_cd=273904&freq=Y;한국은행「국민소득」국민총생산http://www.index.go.kr/potal/stts/idxMain/selectPoSttsIdxSearch.do?idx_cd=2736 (검색일자: 2019년 7월 13일) 등을 참고하여 산출한 내용임.

253 현대경제연구원, 앞의 책, pp.5-8.

한 통일비용 산출[254]은 통일 이후 북한 주민의 1인당 소득을 남한의 1/2 수준[255]으로 올리는데 소요되는 남한의 경제적 투자비용으로 가정하였다. 북한의 경제 수준을 남한의 과거 수준과 비교하여 통일시점과 목표소득, 북한의 1인당 국민소득, 북한 인구 그리고 한계자본산출계수 기준연도를 설정하였으며, 가정 및 선정이유는 〈표 5-12〉와 같다.

<표 5-12> 목표소득방식 적용을 위한 가정 설정

구분	가 정	선정이유
통일시점	• 2016년	• 일관성 있는 자료를 활용하기 위해 2017년 북한에 대한 국제적 제재 이전시기로 선정
목표소득	• 1,600만 원	• 2016년 남한소득 3,212만 원의 1/2 적용
북한의 1인당 국민소득	• 146만 원	• 2016년 기준 * 남한의 1978년 수준으로서 1600만 원 도달 년도(2002년) 고려시 24년 소요
북한인구	• 2,500만 명	• 2016년 24,897만 명, 2017년 25,014만 명에서 산출의 편이성 고려 설정
한계자본산출계수 기준연도	• 1970년대~1990년대와 2000년대~2010년대 2개 연대 기준	• 1970년대~1990년대와 2000년대~2010년대 2개 연대의 한계자본산출계수의 차이 고려

출처: 한국은행, "국민총소득 및 경제성장률," http://kosis.kr/statHtml/statHtml.do?orgId=101&tblId=DT_1ZGA31&conn_path=I2(검색일자: 2019년 7월 13일) 등을 참고하여 작성.

통일시점은 2017년 이후 북한의 경제 제재에 의한 변화를 고려하고, 통계자료의 최신화가 가능한 2016년도를 기준으로 설정함으로써 남북한의 소득수준 및 인구 등의 공시된 통계자료 활용이 가능하였다. 목표

254 현대경제연구원, 앞의 책에서 '통일비용=[(목표소득-통일시점의 소득)×북한인구]×한계자본산출계수'로 판단한 기준을 참고하였다.

255 국외연구로서 Wolf and Akramov 는 북한의 GDP 2배 증가로, Peter Back은 북한주민의 남한주민 소득의 80% 수준 도달로 판단하였으며, 국내연구의 경우 신창민은 북한의 소득 수준을 남한의 1/2 수준으로 이영선은 북한의 소득수준을 남한의 60%로 가정하고 10년간 소요되는 비용으로 산출하였다.

소득은 남한의 2016년을 기준으로 하되 기존의 연구결과를 참조하여 남한의 1/2로 설정하였다. 남한의 1/2수준으로 가정한 것은 독일과 같이 동일한 수준으로 가정하게 되면 통일비용과 기간 면에서 지나치게 높고 길어질 수 있기 때문이다. 따라서 북한의 1인당 국민소득도 2016년 통계에 제시된 146만 원을 설정하였다. 북한의 인구는 2016년을 기준으로 하되 산출 용이성을 고려 반올림하여 2,500만 명으로 하였다. 한계자본산출계수는 연대별 차이가 커서 1970년대부터 1990년대까지와 2000년대로부터 2010년대까지로 구분하여 산출하였다. 1970년대부터 1990년대까지의 계수 평균은 1.1이었으며, 2000년대로부터 2010년대까지는 평균 3.9로 분석(주석 252) 참조하였다. 이러한 가정을 기초로 목표소득방식을 적용하여 산출하면, 산출계수가 1.1 일때 북한의 현재소득(146만 원)이 목표소득(1,600만 원)에 도달하는 데 소요되는 통일비용은 399.8조(이하 400조: 수식(1,600-146)×2,500×1.1=399.8조) 원이 산출된다. 산출계수 3.9를 적용하면 1,417.6조(이하 1,418조: 수식(1,600-146)×2,500 × 3.9=1,417.6조) 원이 산출된다. 목표소득에 도달되는 기간은 24년(〈표 5-12〉 선정이유 참조, 1978~2002년)이 소요되며 목표소득을 상향하면 그에 따라 통일비용과 도달 기간도 그만큼 증가 될 것이다.

제3절 군비감축 절약비용이 통일비용에 미치는 효과

1. 군비감축 절약비용과 통일비용

군비감축이 통일비용에 미치는 영향은 통일비용 재원조달의 한 부분인 예산절감 차원에서 접근하였으며, 군비감축을 통해서 절약되는 비용과 통일에 소요되는 비용을 산출한 후 상호 비교하여 절약비용의 효과를 설명하고자 하였다. 군비감축은 감축과정에서 당면한 위협으로부터 안보가 보장되고 통일 이후 주변국 위협으로부터 주권을 수호할 수준의 군사력을 유지한 상태 즉, 북한과 주변국으로부터 안보를 보장할 수 있는 수준의 적정군사력을 유지한 수준에서 추진하고 그에 따른 감축비용을 산출하였다. 통일비용은 경제적으로 남한과 북한을 비교하여 통일비용이 지나치게 부풀리거나 소요기간이 길어지지 않도록 북한 주민의 소득수준이 남한의 1/2수준으로 도달하는 데 소요되는 비용으로 산출하였다.

1) 군비감축 절약비용

군비감축은 한반도 주변의 북방지역 및 해상지역에서의 분쟁을 고려하여 한반도 방호가 가능한 수준에서 인구대비 적정 병력수를 적용하여 산출하였다. 통일 한국의 적정 병력수는 남북한 전체 인구대비 0.66%를 적용하여 산출하였으며, 이를 근거로 감축병력을 산출하면 약 10만 명이 감축되고, 이 수치를 기준으로 병력과 부대수의 감축을 대상으로 감축비용을 산출하였다. 10만 명 감축은 국방개혁 상 육군 중심의 감축과 연계하였으며, 감축 규모는 2개 군단과 6개 사단의 감축과 유사한 수준이다. 군비감축에 따른 절약비용은 병력 인건비 및 향후 지속하여 추진되는 양성비용을 한정하여 산출하였으며, 부대수 감축비용은 2개 군단의 운영에 따른 운영유지비와 부대자산 그리고 전비품 비용을 절약비용으로 한정하였다.

병력감축에 따른 인건비는 장교와 부사관, 병과 군무원의 연간 수령하는 봉급을 기준으로 산출하였으며, 총 금액은 23,682억 원이다. 양성교육비는 장교와 부사관 그리고 병을 기준으로 산출하였으며, 총금액은 10,413억 원이다. 인건비와 양성교육 비용을 합산하면 34,095억 원이며, 통일까지의 10년 기간을 고려하면 340,950억 원의 절약비용을 산출할 수 있다. 부대 수 감축에 따른 운영유지비는 5,548억 원, 부대자산은 47,804억 원, 전비품 비용은 22,790억 원이 산출되었으며, 총 산출금액은 110,237억 원이다. 통일까지의 기간을 10년으로 가정하면 운영유지비가 증액되어 55,480억 원이 되고, 총 126,074억 원의 절약비용이 산출된다.

병력감축과 부대 수 감축에 따른 절약비용 전체를 합산하면 467,024억(이하 47조) 원이 되고, 동일한 방법으로 북한의 국민소득이 남한의 1/2

<표 5-13> 병력 및 부대 수 감축 절약비용 종합

구분		연산출 금액 (1년)	통일까지 기간 (10년)	국민소득 1/2 도달기간(24년)	비 고
총 계(억원)		110,237	467,024	1,022,026	-
병력감축 절약비용 (억원)	소 계	34,095	340,950	818,280	-
	계급별 인건비	23,682	236,820	568,368	보수교육 등 기타비용 미반영
	양성교육비	10,413	104,130	249,912	
부대수 감축 절약비용 (억원)	소 계	76,142	126,074	203,746	-
	운영유지비	5,548	55,480	133,152	-
	부대자산	47,804	47,804	47,804	고정자산으로 한정
	전비품비용	22,790	22,790	22,790	

수준으로 도달하는 24년의 기간을 고려하면 1,022,026억(이하 102조) 원이 산출되며, 정리하면 〈표 5-13〉과 같다. 2050년까지 감축하는 병력과 부대수를 고려하면 절약비용은 다소 증가 될 수 있을 것이나, 통일까지의 기간 10년과 국민소득 도달기간 24년의 산출금액인 〈표 5-13〉의 절약비용을 적용하여 통일비용과 비교하고자 한다.

2) 통일비용

통일비용은 한반도 상황에서 목표소득방식이 적절한 것으로 분석하였으며, 비용산출은 북한의 1인당 국민소득 적정 목표를 남한의 1/2 수준으로 설정하고, 한계자본산출계수를 적용하여 남한의 재정지출 및 총투자액을 추정하는 방식을 적용하였다. 통일시점은 2016년도를 기준으로 설정하였으며, 북한의 통일 후 국민소득 목표는 2016년도 남한의 1인당 국민소득의 1/2수준인 1,600만 원으로 설정하고, 북한의 2016년 1인당 국민소득 146만 원으로 설정하였다. 북한의 인구는 2,500만 명으로 설정하였으며, 한계자본산출계수는 연대별로 1.1과 3.9를 기준으로 하여 산출하였다. 이러한 기준으로 산출시 산출계수가 1.1 일때 북한의 현재소득(146만 원)이 목표소득(1,600만 원)에 도달하는 데 소요되는 통일비용은 400조 원이었으며, 산출계수 3.9를 적용하면 1,418조 원이 산출된다.

2. 군비감축 절약비용이 통일비용에 미치는 효과

군비감축 비용은 남한의 병력 10만 명 감축에 따른 2개 군단과 6개 사단의 병력감축 및 부대수 감축에 따른 10년간 절약비용 47조 원을 도출하였고, 북한의 국민소득이 남한의 1/2 수준에 도달하는 24년의 기간을 고려하면 102조 원이 도출된다. 통일비용은 목표소득방식에 의한 한계자본산출계수를 남한의 최근 소득 기준인 2000년대~2010년대(3.9)를 적용하면 1,418조 원이 소요된다. 군비감축 절약비용 47조 원을 통일비용 1,418조 원에 비교하면 3.0% 수준이고, 절약비용 102조 원을 비교하면 7.2%가 된다. 즉, 군비감축으로 절약한 비용을 통일비용에 활용하면 통일비용을 10년간 3.0%, 24년간 7.2%만큼 절약할 수 있다.

통일비용을 북한의 통일 후 성장과정이 비슷한 1970년대~1990년대(1.1)를 적용하였을 때는 24년 동안 남한의 재정지출 및 총투자액 기준으로 400조 원이 소요된다. 이 비용을 군비감축 10년간 절약비용으로 적용하면 11.8% 수준이고, 24년간 절약 및 축적비용을 고려하면 25.5%가 된다. 즉, 군비감축으로 절약 및 축적한 비용을 통일비용에 활용하면 400조 원에 대하여 10년 동안은 11.8%만큼 그리고 24년 동안의 절약 및 축적하면 25.5%만큼 절약할 수 있다. 이 절약내용을 그래프로 나타내면 〈그림 5-1〉 Ba 및 B와 같다.

이 절약비용을 2019년 GDP 1,919조 원과 비교하면 10년 동안의 절

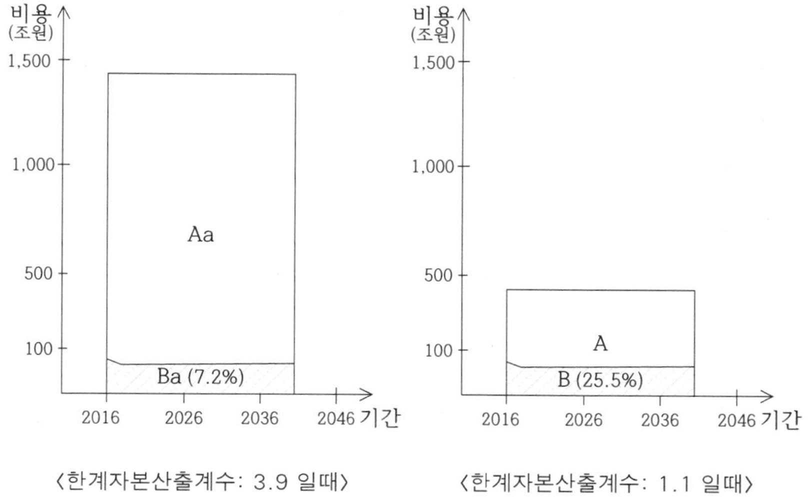

<그림 5-1> 한계자본산출계수별 통일비용 대 절약비용

약 및 축적비용은 2.4%, 24년의 절약 및 축적비용을 고려하면 5.3% 수준이 된다. 2019년 국방비 50.2조 원과 비교하면 10년 동안의 절약비용은 94%이며, 24년간의 절약비용은 연간 국방비의 203% 수준이다.

독일의 통일비용 재원조달은 공채발행과 통일세를 주로 확보함으로써 저항이 많았다. 공채발행의 경우 동독 주민들의 사회보장성 지출 등 비생산적인 부분에 사용됨으로써 국가부채가 늘어나 독일경제에 악영향을 미치게 되었고, 결국 서독 국민의 반발을 일으켰다. 특히 통일세 부담의 경우 중앙정부를 포함한 지방정부까지 연대하여 부가함으로써 부가금에 대한 헌법 위헌소송까지 제기하면서 반발을 하는 등 통일비용에 대한 부담이 상당하였다. 그러나 독일의 경우 통일 전 50만의 병력을 통일 후 37만으로 줄이면서 국방비의 예산 비중도 20%에서 10%로 줄어드는 등 병력감축으로 인한 국방비 절감의 효과를 가져오고 통일비용의 절약에도 영향을 주었다.[256]

한국의 경우 통일비용 재원조달과 관련된 다수의 연구결과를 보면 공적재원과 민간재원으로 확보한 것으로 알 수 있다. 공적재원의 경우 재원조달은 통일세, 통일기금, 예산절감, 해외자금 유치 등이 있고, 민간재원의 조달은 채권발행, 복권발행 등의 방법이 있다.

통일세 부과방안은 필요한 부분이지만 조세부담이 늘어나 국민으로부터 저항 및 반발이 예상된다. 통일기금 조성방안은 현재 시행 중인 방안이지만 통일과 직접적인 관계가 없는 다른 용도로 사용함으로써 문제가 되고 있다. 그러나 통일 초기 대규모로 소요되는 통일비용의 준비 차원에서 반드시 조성되어야 할 재원조달 방안이다. 해외자금 유치는 국내자금 조달 여력이 부족한 상황에서 국제은행 및 국제구호기금 등에서 차입 또는 지원받는 방안으로서 절대적으로 활용해야 하나, 향후 이자 부담 및 경제적 볼모 등 악영향의 우려가 있다. 민간의 재원으로 조달하는

256 김규륜 외, 앞의 책, p.90; 김영윤 · 유욱, 앞의 책, p.64.

채권발행은 조세의 저항을 피하면서 탄력적 재정운용이 가능한 장점이 있으나, 단기간 대규모 채권발행 시 국가의 채무를 가중할 우려가 있다. 복권발행은 복권 판매액에 대하여 통일재원으로 사용하는 것에 대한 거부감이 있을 수 있다. 그러나 예산절감은 국민에게 추가적인 부담을 주지 않으면서 국가의 예산을 효율적으로 활용할 수 있는 방안이다.

통일비용 재원조달에 대한 여러 가지 방안을 살펴보았는데, 수백 · 수천조 원에 달하는 향후 통일비용을 고려할 때 한 · 두 가지 방안으로는 충당이 제한될 것이다. 남한의 경우 일부 지자체를 제외하곤 지방재정이 열악하여 독일과 같은 연대부가금 형식의 재원조달은 쉽지 않을 것이다. 따라서 국민으로부터 저항이 적고 국가에 부채의 부담이 없는 방안을 적용할 필요가 있다. 통일기금과 해외자금, 공채발행 등을 효율적으로 운용하면서 통일비용을 축적할 수 있는 획기적인 방안의 강구가 필요하다. 그러한 측면에서 예산절감은 국민으로부터 부담을 주지 않으면서 자연스럽게 축적할 수 있는 가장 효율적인 방법이다. 특히 한반도 상황에서 안보 유지의 범위 내에서 병력 및 부대수 감축을 통한 인건비 및 운영유지비, 부대시설 및 무기체계 비용절약은 가장 효율적인 절약비용이 될 수 있다.

그러나 군비감축으로 절약된 비용을 단순히 국방비의 축소로 판단하여 다른 용도로 사용하게 되면 군비감축의 경제적 면에서 효과가 없어지게 된다. 따라서 군비감축이 진행됨에 따라 절약되는 비용을 감축하지 않고 지속해서 투자되는 비용으로 간주하면서 절약된 비용을 통일비용으로 축적해 나간다면 실질적인 통일비용의 절약에 기여하게 될 것이다. 즉, 병력감축에 따른 인건비와 양성 교육비 그리고 부대 수 감소에 따른 운영유지비를 지속하여 축적하고, 부대 수 감소에 따른 자산의 처리비용과 전비품 절약비용을 통합하여 통일비용으로 전환함으로써 통일비용 재원마련에 기여할 수 있게 된다. 2050년 현재 육군의 1/2수준인 20만 명 수준으로 감축하게 되면 절약비용은 더욱 증가 될 수 있다.

지금까지 군비감축으로 절약된 비용과 통일에 소요되는 산출비용은 한계를 설정하고, 가정을 기초로 판단한 것이다. 군비감축 절약비용의 경우 병력감축은 봉급과 양성교육 비용으로 한정함으로써 보수교육 및 기타 인력운용 그리고 향후에 발생하는 연금 등에 소요되는 많은 부분은 포함하지 않았다. 부대 수 감축에 따른 비용의 경우 전비품은 초기 자산가치에 감가상각 누계를 적용함으로써 많은 부분에서 실제 자산의 가격보다 저 평가된 금액으로 도출되었다. 통일비용은 현 수준에서 미래를 바라보는 기준으로 판단할 때 보다 논리적인 산출방법을 적용하였다고 생각하나, 항목별 비용합산 방법, 계량모형방법 등 다양한 방법을 적용 시 비용은 상이하게 산출될 수도 있을 것이다. 따라서 현재 도출된 비용은 군비감축으로 절약된 비용이 통일비용에 어느 정도 영향을 줄 수 있는가 하는 한정된 연구로 인식되며, 차후 연구에서 보다 발전된 연구가 필요할 것이다.

제6장

결론

이 책은 군비감축의 사례 및 접근방법을 연구하여 절약된 비용을 산출하고, 군비감축 절약비용이 통일비용 재원조달에 미치는 영향을 연구하는 데 목적이 있다. 이 책의 전체적인 전개와 설명을 위하여 종속변수는 이 주제의 목적을 궁극적으로 설명할 수 있는 '통일비용'으로 선정하였으며, 독립변수는 통일비용의 재원을 확보하기 위한 다양한 변수 중 '군비감축'을 설정하였다. 분석시각은 자유주의 시각에 의한 군비감축의 실패를 지적하고 북한이 응할 수 있는 환경을 조성하여 협상을 유도하는 공세적 현실주의를 적용하였다. 분석의 시각과 연계한 분석수준은 군비감축과 통일비용의 문제를 국제환경 속에서 동아시아와 한반도를 연계하는 하나의 체계로 분석하였다. 분석의 단위는 군사력으로 보았으며, 군사력은 병력과 부대 수로 한정하였다.

남북한의 재래식 군사력을 통합하면 세계 6위의 능력을 보유하게 된다. 남한과 북한의 통일은 군사력 측면에서 주변국에게 위협을 느끼게 하고, 한반도를 껄끄러운 상대로 대할 수 있다. 남한과 북한이 재래식 군사력을 감축하면 한반도에서 발생하는 내부적 갈등을 줄일 수 있고, 외부적으로는 신뢰를 증진할 수 있는 계기가 될 수 있다. 이러한 군비감축은 국제사회에서 불안 요소를 제거할 수 있으며, 국내적으로는 국방비를 절약하여 통일비용으로 활용할 수 있게 된다.

한반도에서는 군비감축에 대한 시도가 여러 차례 있었다. 1990년대 사회주의 진영의 붕괴와 소련의 해체 그리고 동독과 서독이 통일되면서 한반도에서도 화합의 분위기가 조성되고 군비감축과 관련된 논의가 있었다. 남북한은 정치 및 군사적인 갈등을 제거하고 교류를 증진시키기 위하여 고위급회담의 진행 및 남북기본합의서를 끌어내었으며, 군비감축 협상도 포함하여 진행하였다. 그러나 이러한 활동은 1993년 북한이 IAEA로부터의 핵 사찰을 거부하고 이 기구에서 탈퇴함으로써 대화가 중단되고, 군비감축 추진도 성과 없이 끝났다. 이후에도 남한에서는 대북 포용정책 등 지속적인 노력을 하였지만, 성과를 이루지 못하고 있다.

남한과 북한은 수십년 동안 협의 및 회담을 진행하였지만, 군비감축이 진행되지 않고 있다. 북한은 남한이 미국 아래 종속되어 있어 군사문제와 관련된 사항을 미국과 대화하려 하며, 북한에 대한 위협은 미군이라는 판단하에 미군의 철수를 끊임없이 주장하고 있다. 반면 남한은 북한을 직접적인 위협으로 인지하여 북한과 대화를 통해서 군비감축을 추진하려 한다.

남한과 북한은 군비감축을 제안하고 수많은 협상을 시도하였지만 모두 실패하였다. 앞으로도 군비감축과 관련된 제안과 협상이 성공할 것이라는 보장은 없다. 그러나 군비감축을 통하여 다가올 통일에 대비하여 통일비용을 축적할 필요성 있으며, 이러한 연구를 위하여 3개 항목의 문제를 제기하면서 연구를 진행하였다.

첫째, 남한과 북한의 군비감축 정책이 추진되지 못하는 환경과 군비감축 추진을 위한 접근방법은 무엇인가?

둘째, 통일비용 산출에 영향을 미치는 환경과 통일비용 추정을 위한 적정 방법은 무엇인가?

셋째, 군비감축을 통한 절약비용과 통일비용은 어떻게 산출하며, 산출된 비용은 어떠한 영향을 미치는가?

이러한 문제를 설명하기 위하여 먼저 군비감축 추진관 관련된 주변환경을 분석하였다. 세계 각국은 국가이익에 기반하여 정책을 추진한다. 미국은 자국 우선주의에 의하여 국내산업 보호라는 명목하에 중국과 무역전쟁을 도발하고 있으며, 중국은 일대일로 추진으로 아시아와 유럽을 중국의 영향권에 들여놓으려 하고 있다. 한반도의 군비감축은 미국과 중국 그리고 정치 및 경제, 군사 분야에서 직간접으로 영향을 주는 일본 및 러시아 등 각국으로부터 영향을 받는다. 그러므로 군비감축의 문제는 한반도 주변의 4강과 이들이 영향력을 가진 국제사회의 관계를 고려하여 추진해야 한다. 한반도 군비감축 환경은 남한과 북한의 적대감 및 위협이 상존하고, 북한의 겉과 속이 다른 군비감축 태도와 남한의 정권 교체에 따른 대북정책 및 군비감축 제안의 일관성 부족 등의 요인들은 군비감축의 제한요소로 작용하고 있다.

군비감축과 통일비용의 접근 가능성을 연구하기 위하여 유럽과 미·소의 사례를 살펴보았다. 유럽은 신뢰구축의 운용적 군비통제와 군비감축의 구조적 군비통제 2개 분야가 병행하여 추진되었다. 신뢰구축 중심의 '유럽안보협력회의'(CSCE)는 유럽에서 전쟁의 위협을 제거하고 안전을 보장하기 위하여 출범하였다. CSCE의 지속은 군비감축에 중심을 둔 CFE의 출범에 기여하였으며, 차후 유럽의 군비감축에 큰 역할을 하였다.

미국과 소련은 1960년대 후반 대등한 핵 무장에 의한 상호 확증파괴의 능력을 인지함으로써 핵 개발 및 무장의 확대를 재검토하게 되었다. 이에 양국은 핵무기를 통제 및 감축하기 위한 대화를 시작하였으며, 고르바초프가 집권하면서 핵무기 감축에 대한 진전이 빨라졌다. 1972년 SALT-Ⅰ과 1979년 SALT-Ⅱ의 체결을 통해서 ICBM과 SLBM을 동결하고, 1987년 INF를 통해서 핵무기 보유의 상한선을 협의하였다. 그리고 1991년 START-Ⅰ과 1993년 START-Ⅱ의 조약을 체결하면서 ICBM과 SLBM의 감축 및 상한선을 설정함으로써 실질적인 군비감축이 진행되었다. 미국과 소련의 핵무기 감축은 남북한의 군비감축에 영향을 주어 권력자 상호 간 합의로 이루어질 수 있음을 기대할 수 있다.

한반도에서도 유럽과 미·소의 화해 분위기에 연계하여 1980년대 이후 대화의 분위기가 조성되면서 1991년 '한반도 비핵화 공동선언'과 '남북기본합의서'등 군사 관련 합의를 2018년까지 11회 도출하였다. 그러나 남한과 북한은 상호 실행할 수 있는 조치를 연계시키지 못함으로써 실질적인 결실을 얻지는 못하였다. 남한과 북한의 협상이 진전되지 못하는 요인은 남북의 뿌리 깊은 적대감과 이념의 차이, 그리고 남북한의 상이한 접근방법 차이 그리고 북한 독재자의 낮은 신뢰성 등으로 판단할 수 있다.

이와 같은 문제점을 해소하고 군비감축을 수행하기 위하여 '포괄적 병행접근' 및 '다자간 협력에 의한 접근' 그리고 '선제적 군비감축에 의한 접근' 방법을 제시하였다. 먼저 포괄적 병행접근은 유럽의 신뢰구축 중심의 CSCE와 군비감축 중심의 CFE가 추진되면서 상호 보완하는 시너지 효과로 한반도에서도 남한과 북한이 신뢰구축과 군비감축을 함께 추진할 수 있음을 확인하였다. 신뢰구축과 군비감축을 추진하는 조직을 각각 편성하여 진행할 수 있다. 즉, 각각의 조직에서 위원회를 구성하여 활동하고, 상호 협의를 진행함으로써 상호 긍정적 작용으로 상승효과를 발휘하게 할 수 있다.

다자간 협력에 의한 접근방법은 남한과 북한 상호 간 군비감축의 한계를 느끼면서 영향력 있는 주변 국가 및 국제사회의 협력을 통하여 추진하려는 것이다. 남한은 미국과 군사동맹 관계를 맺고 있고, 북한은 중국과 군사동맹을 맺고 있다. 남한과 북한은 미국과 중국은 물론 일본과 러시아 그리고 국제적인 영향을 받으므로 동북아 주변의 4강과 국제기구를 활용하는 전략으로 접근하는 것이 유리할 수 있다. 즉, 군비감축을 위한 접근은 미국과 동맹관계를 기초로 주변국과 전략적 협력을 통하여 추진하는 것이 적절하다.

선제적 군비감축에 의한 접근방법은 안보가 보장된 상황에서 군비감축이 추진되어야 한다는 전제하에서 출발한다. 남한은 당면한 북한의 위협으로부터 안전하고, 장차 주변국의 위협으로부터 안보를 보장받을 수 있는 환경을 구축한 후 군비감축을 추진해야 한다. 군비감축의 추진은 안보를 유지할 수 있는 적정군사력이 확보된 상태에서 감축 가능한 병력을 판단할 수 있다. 감축 가능한 병력은 선제적 군비감축의 전략으로 발전시키고, 국가전략으로 추진해야 한다. 감축 가능한 병력은 현재 정부에서 추진하고 있는 국방개혁안의 병력감축과 연계하여 추진함으로써 전략적으로 추진할 수 있다. 병력감축은 부대 수의 감축과 무기 및 장비의 감축이 병행되므로 감축된 전력을 통하여 절약비용을 산출할 수 있다.

통일비용과 관련된 환경을 살펴보면, 남한은 2017년 6월 기준으로 북한에 비교해 국민총소득(GNI)가 47.2배이며, 1인당 GNI는 23배 그리고 무역총액은 189.6배의 차이가 난다. 인구 면에서도 남한이 북한의 2.1배로서 동독보다 빈곤한 북한 주민이 상대적으로 많다. 남북한의 경제력 차이는 서독과 동독의 당시 상황과 비교 시 GNI 비율 기준으로 4.2배, 무역총액 비율 기준으로 9.7배의 차이가 발생한다. 이러한 차이를 동서독과 비교하여 한국의 통일비용을 판단하면 정부 재정지출 비용 측면에서 남한은 독일에 비교해 초 고비용이 소요될 것이다.

통일비용의 추정방법은 독일의 통일비용 조달 사례와 국내의 연구자료를 참고하여 연구하였다. 독일의 통일비용은 동서독 주민의 유사한 생활수준 실현에 기초하여 도출하였다. 한반도에서 통일비용의 연구는 독일에서 추진하였던 방법과 유사한 연구가 많았다. 이 책에서는 한반도에 적합한 목표소득방식을 적용하여 통일비용을 추정하는 것이 적절한 것으로 분석하였다. 이 방법은 남한과 북한의 소득 격차가 심화 된 현 상황에서 가장 현실적인 방법으로 판단하였다.

군비감축의 접근방법과 통일비용의 추정방법을 토대로 군비감축 절약비용과 통일비용을 산출하였다. 먼저 군비감축은 국방개혁과 연계한 선제적 군비감축을 적용하였으며, 안보가 유지되는 최소한의 능력을 고려하여 검토하였다. 안보의 능력은 군비감축이 진행되는 동안이나 통일 후 잠재적 위협을 판단하여 국토의 방호와 주권을 확보할 수 있는 수준의 군사력을 유지하여야 한다. 이러한 측면에서 최소한의 군사력 보유의 기준이 무엇이며 어느 정도의 군사력으로 편성해야 안전을 보장할 수 있는지 검토하고, 편성의 실질적인 요소인 병력을 중심으로 통일 후 최소한으로 보유해야 할 적정군사력을 판단하였다.

한반도 북방지역에서의 방호수준과 남방의 이어도에서 중국과 분쟁 그리고 독도에서 일본과의 국지적인 분쟁을 고려하여 육군의 경우 병력을 감축해도 최소한의 방어는 가능함을 확인할 수 있었다. 주변국의 위협은 국지전 차원에서 분석 시 문제가 없는 육군 위주의 적정병력 수를 검토하였다. 인구대비 적정병력의 수는 주변 국가와 국민소득이 유사한 나라를 적용하였으며, 국민소득이 유사한 국가는 한반도의 상황과 비슷한 반도 국가와 적과 대치하고 있는 국가를 포함하였다. 국가별 적정병력 수의 전체 평균은 0.66% 수준이며, 남북한 전체 인구대비 0.66%를 적용하여 산출하면 507,909명이 산출된다. 이 병력의 수는 국방부에서 2022년까지 감축하고자 하는 50만 명과 유사한 수치이다. 이 수치는 현재 남한의 병력 599,000명 기준으로 약 10만 명이 감축되는 것이다. 국방개혁에 의한 국방부의 병력감축을 군비감축의 전략적 틀 속에서 접근하면 현 상황을 유리하게 활용할 수 있다.

육군은 국방개혁의 일환으로 병력과 부대 수를 지속하여 감축하고 있으며, 향후 육군의 10만 명 감축은 2개 군단과 6개 사단의 감축 수준이다. 2개 군단과 6개 사단의 감축에서 절약비용을 산출하는 방법은 병력감축에 대한 소요비용과 부대 수 감축에 따른 예산의 감축 부분을 적용함으로써 도출할 수 있다. 병력감축에 의한 절약비용은 감축하는 병력의 인건비와 양성교육 비용을 적용하면 34조 950억 원의 절약비용을 산출할 수 있다. 부대 수 감축에 따른 비용은 무기체계와 연계된 운영유지비와 부대자산 그리고 전비품을 대상으로 판단하였다. 부대 수 감축비용을 통일까지의 기간 10년으로 가정하여 산출하면 12조 6,074억 원을 도출할 수 있다. 2개 항목의 절약비용을 합하면 약 47조 원의 절약비용을 산출할 수 있다.

군비감축 절약비용이 미치는 영향을 설명하기 위한 통일비용은 목표소득방식으로 분석하였다. 목표소득방식은 북한의 1인당 국민소득 수준을 목표로 설정하고, 한계자본산출계수를 적용하여 남한의 재정지출 및 총투자액을 추정하는 방식으로서 북한 주민의 1인당 소득을 남한의 1/2 수준으로 올리는데 소요되는 남한의 경제적 투자비용으로 가정하였다. 북한의 소득을 남한의 수준으로 끌어올리는 데 적용한 시기는 북한이 국제적 제재를 받기 직전인 2016년을 기준으로 하였으며, 이때 북한의 1

인당 국민소득은 146만 원으로서 남한의 1978년 수준이었다. 따라서 한계자본산출계수는 1970년대부터 1990년대까지의 계수 평균 1.1과 최근의 2000년대로부터 2010년대까지 평균 3.9를 적용하였다. 이러한 가정을 기초로 통일비용을 산출하면, 산출계수가 1.1일 때 북한의 현재 소득(146만 원)이 목표소득(1,600만 원)에 도달하는 데 소요되는 통일비용은 400조 원이 산출되며, 산출계수 3.9를 적용하면 1,418조 원이 산출된다. 목표소득에 도달되는 기간은 24년(1978~2002년)이 소요되며 목표소득을 상향하면 그에 따라 통일비용과 도달 기간도 그만큼 증가 될 것이다.

10년간 군비감축으로 절약된 비용 47조 원을 최근의 남한소득 기준으로 도출된 통일비용 1,418조 원에 비교하면 3.0% 수준이고, 24년간 절약비용 102조 원을 비교하면 7.2%가 된다. 즉, 군비감축으로 절약한 비용은 10년간 3.0%, 24년간 7.2%를 절약할 수 있다. 북한의 발전과정이 남한과 비슷한 1970년대~1990년대를 적용하여 도출된 통일비용 400조 원을 통일기간 10년간 절약비용에 적용하면, 11.8% 수준이고, 24년간 절약비용을 고려하면 25.5%가 절약되는 것을 설명할 수 있다.

독일의 통일비용 재원조달은 공채발행과 통일세 위주로 확보함으로써 서독 국민의 저항이 많았다. 더욱이 조달된 재원을 동독 주민들의 사회보장성 지출 등 비생산적인 부분에 사용함으로써 독일경제에 악영향을 초래하여 서독 국민의 반발을 일으켰다. 한반도의 경우 수백 · 수천조 원에 달하는 향후 통일비용 재원조달을 고려할 때 한정된 방법으로는 소요비용을 충족시킬 수 없다. 남한의 경우 일부 지자체를 제외하면 지방재정이 열악하여 독일보다 훨씬 어려운 상황이 될 것이다. 따라서 통일비용 재원조달은 국민의 저항이 적고, 국가의 부채 부담이 없는 방안을 적용해야 한다. 그러한 측면에서 군비감축 절약비용을 활용한 예산절감은 국민에게 부담을 줄이는 유효한 방안이 될 수 있다. 특히 안보를 유지하면서 군비감축을 추진해야 하는 한반도 상황에서 군비감축을 통한 절약비용의 적용은 가장 효율적인 정책이 될 수 있다.

그러나 군비감축으로 절약된 비용을 소멸되는 예산으로 처리하거나 다른 용도로 사용하게 되면 군비감축을 통한 절약비용의 경제적인 효과가 없어지게 된다. 그러므로 군비감축이 진행됨에 따른 비용을 지속하여 투자하는 비용으로 적용하여 축적해 나간다면, 실질적인 통일비용의 절약에 기여하게 될 것이다. 즉, 병력감축에 따른 인건비와 양성교육비 그리고 부대수 감소에 따른 운영유지비를 지속하여 축적하고, 부대수 감소에 따른 자산의 처리비용과 전비품 절약비용을 통일비용으로 전환함으로써 통일비용 재원조달에 기여할 수 있게 된다.

이 책은 현실주의 시각에서 군비감축 접근방법을 분석하여 군비감축에 따른 절약비용을 도출하고, 군비감축으로 산출된 절약비용을 한국적 상황에 맞는 통일비용 절약에 연계하여 설명함으로써 향후 국가정책 추진에 적용할 수 있는 기초적인 연구를 하였다는데 큰 의의가 있다. 즉, 국가의 사활적 이익에 기초하여 국가안보를 보장하는 범위 내에서 대전략을 수립하고, 대전략의 하위 전략으로 '경제적 군운영' 차원에서 군비감축을 통하여 통일비용을 확보하는 데 의의가 있다.

그러나 이 책의 주제를 연구하면서 군비감축의 범위를 육군의 병력 및 무기체계와 연계된 특정 부분으로 제한하고, 해 · 공군의 감축비용 또는 추가비용에 대한 연구를 포함하지 않음으로써 한정된 연구로 인식될 수 있다. 제한된 부분은 향후 연구에서 범위를 확대하여 지속적으로 연구할 필요가 있다. 그밖에 병력감축을 대신한 전력증강 비용과 북한의 군비감축에 대한 경제적 효과에 대한 연구도 필요하다. 통일비용과 관련해서는 항목별 비용합산 방법, 계량모형방법, 소득격차해소법, 재정능력 접근법 등과 비교하여 보다 효율적인 접근방법을 산출하는 연구도 의미가 있을 것이다.

참고문헌

1. 국내문헌

단행본

국가안전기획부, 『군축조약집』 1989.

국방부, 『군비통제자료 10』 1993.

국방부, 『2018 국방백서』 서울: 국방부, 2018.

국방정보본부, 『일본방위백서』 대전: 국군인쇄창, 2020.

권양주 외, 『남북한 군사력의 현재와 미래』 서울: 국방연구원, 2010.

기꾸치히로시, 『전략기초이론』 국방대학원 역, 서울: 국방대학원, 1993.

키꾸치 히로시, 『전략기초이론』 육군대학 역, 대전: 육군대학, 2003.

김강녕, 『남북한 관계와 군비통제』 경주: 신지서원, 2008.

김경수, 『비확산과 국제정치』 서울: 법문사, 2004.

김성회 · 황우웅, 『군비통제 선험사례 연구』 서울: 한국전략문제연구소, 1992.

김유은, "동아시아 다자안보협력전략" 『한국의 동아시아 미래전략』 조양희 편저, 서울: 삼영사, 2008.

김종하 · 김재엽,『국가안보전략 어떻게 수립해야 하나?』 대전: 한남대학교출판부, 2012.

김진아, "한반도에서의 군사적 신뢰구축과 육군에 주는 함의," 『전략환경 변화에 따른 한국 국방과 미래 육군의 역할』 서강육군력 총서 4, 이근욱 역, 서울: 서강대학교 육군력연구소, 2019.

남만권, 『군비통제 이론과 실제』 서울: 한국국방연구원, 2004.

민병천, 『평화안보론』 서울: 대왕사, 2001.

박채영, 『국제정치 패러다임』 서울: 법문사, 2009.
송대성, 『한반도 국비통제: 이론, 실제 그리고 대책』 서울: 신태양사, 1996.
유인택, 『한반도 군사문제의 이해』 서울: 법문사, 1996.
육군본부, 『육군비전 2050』 대전: 육군본부, 2019.
이강석, 『미 · 소 군축협정의 전망』 통일문제연구원 제1권 제2호, 1989.
이병근 · 유승경, 『한반도 군비감축의 경제적 효과:연구보고서 98-12』 서울: LG 경제연구원, 1998.
이운호, 『남북한과 국제정치』 서울: 서울프레스, 1992.
이철기, 『동북아군축론』 서울: 호암출판사, 1993.
이춘근, 『현실주의 국제정치학』 서울: 나남, 2007.
전성훈, 『90년대 이후 유럽 재래식 군비통제 협상 및 시행과정 연구』 서울: 통일연구원, 2004.
조동준, "안보위협에 대처하는 중소국의 선택" 『안보위협과 중소국의 선택』 세계정치 11 제30집 1호, 서울: 서울대학교 국제문제연구소편, 2009.
주독 대사관, 『독일 통일백서』, 통일정책자료집 8, 1994.
주 독일 대한민국대사관, 『숫자로 본 독일 통일』 1992.
주은식 역, 『전쟁의 이론과 해석』 서울: 한원, 1994.
통일부, 『군사분야 통합 관련 정책문서』 독일 통일총서1, 서울: 통일부, 2013.
통일원, 『남북고위급회담 주요 쟁점에 대한 쌍방 주장 비교표』 1993.
______.『남북 기본합의서 해설』 서울: 통일부, 1992.
한용섭, 『한반도 평화와 군비통제』 서울: 박영사, 2004.
______.『한반도 평화와 군비통제』 서울: 박영사, 2015.
함택영, 『국가안보의 정치경제학: 남북한의 경제력 · 국가역량 · 군사력』 서울: 법문사, 1998.
Graham Allison, "Destined for War: Can America and China Escape Thucydides's Trap" 『예정된 전쟁』 정혜윤 옮김, 2018.
Graham T. Allison, "북한 억제의 도전: 성공과 실패 경험과 교훈," 『전략환경 변화에 따른 한국 국방과 미래 육군의 역할』 서강육군력 총서 4, 이근욱 역, 서울: 서강대학교 육군력연구소, 2019

John J. Mearsheimer, 『강대국 국제정치의 비극』 이춘근 역, 서울: 김앤김북스, 2017.

Steve Tulliu · Thomas Schmalberger,『군비통제, 군축 및 신뢰구축 편람』 이충면 역, 제네바: 유엔 군축연구소, 2003.

학술지 및 논문

고시성, "미래 한국군의 적정 상비병력 규모 판단을 위한 실증적 연구" 『군사논단』 101호, 2020.

구본학, "북핵위협과 한반도 군비통제의 과제", 『신아세아』 제24권 제1호, 신아세아질서연구회, 2017.

국가안보전략연구원, "국가안보와 전략", 제19권 1호, 2019.

국회예산정책처, "한반도 통일의 경제적 효과", 『경제분석실 경제정책분석과』 2014.

권세영, "독일통일 사례에서 본 한반도 통일문제", 『고려대학교 미래성장연구소』 2018.

김강녕, 『남북한 관계와 군비통제』 서울: 신지서원, 2008.

______."국제 군비통제의 현황과 한국의 과제", 『군사논단』 제102호 2020.

김성한, "한반도 군비통제 관련 한미간 협력방안", 『한국전략문제연구소』 2003.

김경식, "동아시아 패권경쟁과 해양력", 『군사학총서』 충남대학교 출판문화원, 2018.

김관봉, "미 · 소 전략무기 통제협상의 문제점 및 전망", 경남대학교 논문전집 제15호, 1986.

김구섭, "북한의 군비통제 정책 변화 전망과 남북한간 군비통제 협상가능 시나리오", 『북한연구학회보』 2권 1호, 1998.

김규륜 외, “통일비용 · 편익 연구의 새로운 접근: 포괄적 연구요소의 도입과 대안의 모색”, 통일비용 · 편익 종합연구 11-01, 『통일연구원』 2011.
김동엽, “군비통제이론과 남북군사합의 이행”, 『북한연구학회』 북한연구학회 동계 학술발표논문집 2018권, 2018.
김명수, “세력균형(Balance of Power)에서의 군사력 수준과 동북아시아에 주는 함의”, 『STRATEGY21』 한국해양전략연구소 통권 제38호 Vol. 18, No. 3, 2015
김성한, “한반도 군비통제와 한미협력”, 『전략연구』 통권 29호, 2003.
김영윤 · 유욱, “독일 통일에서의 통일비용과 시사점”, 국민대학교 법학연구소 학술발표 대회 논문집, 2010.
김은영, “통일비용 관련 기존 연구자료”, 『KDI 북한경제리뷰』 제12권 제8호, 2010.
김유찬, “통일비용 및 재원조달 방안에 관한 연구”, 『국회예산정책처』 연구용역보고서, 2010.
김유찬, “독일 통일 전후 재정운용의 특징과 시사점”, 『국회예산정책처』 2014.
김재엽, “냉전 후기 유럽의 중거리 핵전력(INF) 경쟁과 한국 안보에 대한 함의”, 군사 제101호, 2016.
김재영, “통알비용의 재원과 조달방법”, 『헌법이론 실무학회』 통일법연구 1, 2015.
김재철, “남 · 북한의 재래식무기 군비통제 접근방향”, 『동북아연구』 23권 2호, 2008.
김재철 외, “남북한 평화공존을 위한 운용적 군비통제 추진전략”, 『한국동북아논총』 제82호, 2017.
김재철 · 김정기, “동북아평화를 위한 군비통제 접근방향”, 『한국동북아논총』 제63호, 2012.
김재철, “한반도 평화체제 구축에 따른 군비통제 추진방향”, 『한국동북아논총』 48, 2008.
김태현, “남북한 재래식 군비통제: 평가와 발전방향”, 『한국군사』 제4호, 2018.

김창권, “독일통일비용 15년 평가와 시사점”, 『통일경제』 겨울호, 현대경제연구원, 2005.
김충영, “단순비교법에 의한 통일 후의 군사력 소요 및 전력배비”, 『국방논집』 제20호, 1992.
류재갑, “남북한 군비통제안의 비교와 대안적 접근”, 『한국정치학회보』 29편 4호, 1996.
문두식, “한반도 통일비용과 조달방안”, 『원광 군사논단』 2006.
문성묵, “군비통제 본격화 국면-합의이행과 검증도 철저하게”, 『통일한국』 2018.
문태현, “사회과학 방법론의 갈등과 이론선택의 합리성”, 『한국행정논집』 제5호, 1993.
민병원, “국제정치와 시스템이론”, 서울: 한국정치학회보, 2010.
박영규, “한반도 궁비통제의 재조명: 문제점과 개선방향”, 『통일연구원』 연구총서 00-14, 2000.
박영한, “남북 군사통합시 독일모델 적용 가능성 연구”, 『한국전략문제연구소』 2-98, 2004.
박용한, “통일 한국 적정군사력 추계화 남북한 군비통제 함의”, 『북한연구학회보』 제22권 2호, 2018.
박인휘, “비핵평화 프로세스와 대북 관여정책의 지속성”, 『국가안보와 전략』 제19권 1호, 2019.
박재하, “이상적인 인력모델링에 의한 남북한의 군축인력 규모 분석”, 『국방논집』 제16호, 1991.
박태규, “한반도 통일에 따른 소요비용의 추계와 재원조달방안”, 『한반도 통일시의 경제통합전략』 한국개발연구원, 1997.
박홍순, “국제군비통제와 유엔의 역할”, 『한국국방연구원』 국방정책연구 34, 1996.
박희서 외, “실증적 사회과학방법론의 탐색”, 『지역개발연구』 제6호, 조선대학교 지식경영연구원, 2001.

박휘락, “통일 한국군의 적정군사력에 관한 연구: 점증모형에 의한 접근”, 『한반도의 군비통제』 제55호, 2014.
백제옥 · 정희원, “국방분야 민간인력 활용방향”, 국방정책연구 제3호, 2017.
삼성경제연구소, “매력있는 한국: 2015년 10대 선진국 진입전략”, 2005.
서정원, “통일기 적정 상비병력 소요판단 절차에 관한 연구”, 『한국전략문제연구소』 전략연구 24, 2017.
손기웅 외, “베를린 장벽 붕괴 20주년 동서독 통합과정 종합 평가”, 2009.
송승종, “미국 국가안보전략 분석”, 『국가안보전략』 통권 65 VOL 07 2월호, 2019.
신동민, “유럽안보협력기구(OSCE) 협의 메커니즘 검토-동북아다자안보협력 추진에의 함의”, 『통합유럽연구』 제9권 1집, 2018.
신동민, “OSCE의 군사적 신뢰구축조치(CSBM) 검토”, 『통합유럽연구』 제9권 2집, 2018.
신동진, “통일비용에 대한 기존연구 검토”, 『국회예산정책처』 경제현안분석 제64호, 2011.
신동천 외 “경제협력과 통일비용”, 『삼성경제연구소』 1998.
신문식, “국제 군비통제 레짐과 한반도 군비통제 방안”, 『아태 쟁점과 연구』 여름, 2006.
양용석, “기존 추정분석사례의 고찰을 통한 적정 통일비용 산정방안에 관한 연구”, 『군사논단』 제58호, 2009.
윤종우, “한반도 군비통제의 ‘포괄적 병행접근’에 관한 연구”, 정치외교학과 박사학위논문, 단국대학교, 2009.
양운철, “통일비용의 추계와 재원조달방안”, 『세종정책연구』 2006.
엄태암, “동북아 다자안보협력체제 구축 방안”, 『KRIS 창립 기념논문집』 2017.
염명배 · 유일호, “독일과 우리나라의 통일비용 및 통일재원 비교연구”, 『재정학연구』 제4권 제2호, 2011.
윤석준, “제19차 당대회 이후 중국 군사전략 변화와 시사점”, 『국가안보전략』 통권 65 VOL 07 2월호, 2019.

유성옥, “북한 비핵화와 한반도 평화, 동북아협력 전략”, 『한반도 국제포럼』 2016.
윤진표, “군비통제 정책과 군사력 정비정책의 조화방안”, 『제8회 군비통제 세미나』 국방부 군비통제관실, 1998.
외무부 국제조약국, 『군축문제』 1986.
이규열, “남북한간 실질적 군비통제 방안”, 『전략연구』 1999.
이기덕 · 이선규, “통일 후 적정군사력 규모 산정에 미치는 영향 도출 및 중요도에 관한 연구”, 『군사논단』 제84호, 2015.
이동선, “현실주의 국제정치 패러다임과 안전보장”, 함택영 · 박영준 편, 『안전보장의 국제정치학』 서울: 사회평론, 2010.
이수형, “한반도 통일의 외적 거래비용에 관한 시론적 연구”, 『통일과 평화』 4집 2호, 2012.
이서항, “군축사례 분석 및 교훈”, 『한반도 군비통제』 국방부, 1994.
이서항, “세계 군축사례와 한반도 군비통제 단계별 추진과업”, 외교안보연구원, 1994.
______.“유럽의 경험을 통해서 본 한반도의 군비통제 방향”, 『외교안보연구원 정책연구』 90-5, 1990.
이석호 “북한의 군비통제정책”, 『국제정치논집』 제29집 9호, 1989.
이승근, “북한 핵문제와 다자주의적 접근의 유용성”, 『국제정치연구』 제13집 1호 2010.
이승현 · 김갑식, “한반도 통일비용의 쟁점과 과제”, 『NARS 현안보고서』 제105호, 국회입법조사처, 2010.
이영선, “한반도 통일비용과 그 조달방법”, 『한반도 통일랜드북(Ⅳ)』 한국경제연구원, 2003.
이원우, “안보협력 개념들의 의미 분화와 적용”, 『국제정치논총』 제51집 1호, 2011.
이장원, “현대 중국외교론”, 충북대학교 출판부, 2017.
이정복, “현실주의, 신자유주의, 구성주의 국제정치이론가들의 주장과 한계”,

『학술원논문집』 제53집 1호, 2014.
이정우, "다자간 안보협력과 군비통제의 모색", 『한국세계지역학회 세계지역연구논총』 36-3, 2018.
이창형, "제3국의 군사혁신 전망", 『육군교육사령부: 19-1차 Korean Mad Scientist Conference』 2019.
이철기, "군비통제 및 군축협정 용어 해설", 『전략연구』 1994.
______."남북한 적정군사력과 통일국가의 군사력 수준", 『통일문제연구』 통권 제32호, 1999.
전상진 외, "통일에 대비한 한국의 통일비용 재원조달방안에 관한 논의", 『한독사회과학논총』 제17권 제3호, 2007.
전성훈, "북핵 '2 · 3합의'와 평화적인 핵폐기 사례분석", 『통일연구원』 정책연구 07-01, (2007).
정경영, "9.19 남북군사합의 이행진단과 군비통제 추진방향", 『군사논단』 제96호, 2018.
정용길, "통일독일의 통일비용과 경제통합", 『유럽연구』 26(3), 2009.
정호섭, "21세기 한국해군전략 소고", 『해양전략』 제83호, 해군대학, 1994.
제정관, "남 · 북한 군사통합방안과 통일국군 건설방향", 『군사논단』 29호, 2001.
조동호, "통일의 경제적 비용과 편익", 『분단비용과 통일비용』 서울: 민족통일연구원, 1997.
조동호, " 통일비용보다 더 큰 통일편익", 『통일부 통일교육원』 2011.
조명현, "동북아 안보협력체의 예상모형과 대응", 『전략논총』 3, 1994.
조성욱, "한반도 비핵화의 단계적 · 포괄적 해법 연구", 군사 · 안보학과 박사학위논문, 북한대학원대학교, 2018.
조한범, "신한반도체제의 개념과 추진방향", 『통일연구원』 Online Series CO 19-06, 2019.
주용식, "통일 한국의 군사통합과 적정군사력 연구", 박사학위논문, 숭실대학교, 2013.

최강, "국제 군비통제와 한반도 군비통제", 『국제관계 연구』 1997.
최종근, "신현실주의 기원과 한국 국제정치학의 이론적 함의", 『국제정치논총』 제53집 4호, 2013.
통일부, "통일비용 분야 관련 정책문서", 독일통일 총서 10, 2015.
한국국가전략연구원, "KRINS 정책토론회 결과보고서", 『한국국가전략연구원』 2018.
한스 요아힘 기스만, "유럽안보협력회의(CSCE)와 유럽안보협력기구(OSCE): 유럽의 안보협력 정책", 『함부르크대학 평화연구 및 안보정책 연구소』 페터 가이 · 박상희 편집, 2003.
한용섭, "한반도 안보문제에 대한 군비통제적 접근", 『국제정치논총』 제49집 5호, 2009.
함택영, "21세기 한반도 평화전략: 군사력균형과 군비통제 · 군축전망", 『경남대학교 극동문제연구소』 2002.
홍봉기, "통일 한국의 적정군사력에 관한 연구", 박사학위논문, 대전대학교, 2016.
현대경제연구원, "남북통일, 편익이 비용보다 크다", 『경제주평』 통권 442호, 2010.
현대경제연구원, "동서독 통일 20년 평가와 시사점", 『경제주평』 통권 415호, 2010.
현인택 · 최강, "한국 신정부의 한반도 군비통제 접근방향", 『2003 국방정책 연구보고서Ⅳ』 전략문제연구소, 2003.
황진환, "남북경협을 통한 대북한 군비통제정책", 『국제논총』 36(3), 1997.
홍순직 · 최성근, "남부통일, 편익이 비용보다 크다: 통일비용 및 통일편익의 추정과 시사점", 『경제주평』 현대경제연구원, 2010.

기타

국방과학기술용어사전, 2011.
국방부, "국방개혁 2.0", 『국방개혁실』 2019.

국방부, “군비통제 설명자료”, 서울: 군비통제과, 2018.

국방정보본부, “중국정세 세미나”, 2009.

국회예산정책처,“우리나라 재정의 이해”, https://www.nabo.go.kr/Sub/01Report/04_01_06_Contents.jsp(검색일자: 2019년 7월 2일) 기획재정부 복권위원회, “세계 복권 판매추이”, http://www.bokgwon.go.kr/history/(검색일자: 2019년. 7월 2일)

기획재정부, 『한국통합재정수지』중앙정부 통합재정규모, 2017.

김재중, “트럼프, 푸틴과 전화통화...‘미 · 중 · 러 3자 군비경쟁 피하고 싶다’”, 『경향신문』https://news.zum.com/articles/61653216(검색일자: 2020년 8월 1일)

김태훈, “상상속에만 존재하는 ‘통일의 파트너’”, 『조선일보』 2020년 5월 6일, A31면.

박영석, “국방부‘남북, 11월부터 지상 · 해상 · 공중 적대행위 전면 중지’”, 『경향신문』 https://m.news.zum.com/articles/48563505(검색일자: 2020년 9월 18일)

사설, “미 그동안 북에 충분히 속았다, 이것이 북핵폐기 출발점”, 『조선일보』 2019년 3월 29일자, A39면.

사설, “북 체제안전 요구 … 우리 안보가 흥정거리 되는 일 없어야”, 『조선일보』 2019년 4월 29일, A35면.

손효주, “미 항모급 강습상륙함 일 배치 ‘군사밀월’ 북중 동시 압박”, 『조선일보』 2019년 4월 30일, A2면

유용원, “미 국방대 발표내용 인용”, 『조선일보』 http://news.chosun.com/site/data/html_dir/2019/07/31/2019073100122.html(검색일자 : 2019년 8월 3일)

윤상호, “군 ‘북 신리 시설 내부노출 최소화 … ICBM 등 핵심무기 연관’”, 『동아일보』 2020년 5월 7일, A5면

육군교육사령부, “월간 작전환경분석”, 3월호, 2019.

______.“월간 작전환경분석”, 5월호, 2019.
______.“월간 작전환경분석”, 6월호. 2019.
육군본부, “2015년 봉급기준표”, 『육군통계포탈』 2016.
______.“2018년 육군 1인당 장병 양성비용 현황”, 『육군통계포탈』 2019.
이종영, “중국 공산당 비밀문건에 드러난 북 · 중 밀월”, 『동아일보』 2020년 1. 10 일자, 24면.
이철민, “中 70년 미국이 지배했던 남중국해 장악”, 조선일보, 2018년 11월 16일 33면.
이철재, “전쟁 1주일만 버티면 된다, 중과 맞서는 대만 비밀병기”, 중앙일보, 2019년 5월 5일, http s://news.joins.com/article/23458992(검색일자: 2019년 8월 4일)
위키백과, https://ko.wikipedia.org/wiki/대한민국_육군의_부대_조직_및_편성_목록(검색일자: 2019년 7월 8일)
조중식, “미국, 때론 우리를 배신했다”,『조선일보』2018년 6월 4일, https://blog.naver.com/sungnakil/221291033801(검색일자: 2019년 8월 17일)
주성하, “김정은의 ‘웅대한 작전’ 시나리오, 서울과 평양 사이”, 동아일보, 2020년 2월 20일, 29면.
최지선, “김정은 ‘핵포기 않는게 부친 유훈’이라고 트럼프에 밝혀”, 『동아일보』 2019년 10월 24일, A5면
통계청(KOSIS), “국가통계지표.” (2017). http://kosis.kr/statHtml/statHtml.do?orgId=102&tblId=DT_102N_A001&checkFlag=N(검색일자: 2019년 7월 2일)
한국은행, “국민총소득 및 경제성장률”, http://kosis.kr/statHtml/statHtml.do?orgId=101&tblId=DT_1ZGA31&conn_path=I2(검색일자: 2019년 7월 13일)
합동군사대학교, 『합동전력용어해설집』 2016.
Chosun.com, “미국 INF 파기”, http://news.chosun.com/site/data/html_

dir/2019/02/01/2019020102960.html (검색일자: 2019년 8월 3일)
SIPRI, "2018 SIPRI YEARBOOK", 『한국어 요약본』 2019.
SIPRI, "2019 SIPRI YEARBOOK", 『한국어 요약본』 2020.

2. 외국문헌

단행본

David Easton, A Framework for Political Analysis, Englewood Cliffs, NJ: Prentice-Hall. 1965.

Kenneth Waltz, Man, the State and War: A Theoretical Analysis, New York: Columbia University Press, 1959

Kenneth Waltz, Theory of International Politics, New York: McGraw-Hill, 1979.

Michael Sheehan, Arms Control: Theory and Practice, New York: Basil Blackwell, 1988.

Robert O. Keohane and Joseph S. Nye, Power and Interdependence (Glenview, Illinois: Scott, Foresman/Little, 1989.

SIPRI, World Armament and Disarmament: SIPRI Yearbook 1984, London and Philadelphia: Taylor & Francis, 1984.

Thomas C. Schelling & Morton H. Halperin, "Strategy and Arms Control" Published in cooperation with The Twentieth Century Fund, 1985.

학술지 및 논문

Alexander Flisher, "German Re-unification: Fiscal Policy and Finacing", 『Hansun Foundation』2010.

James Hackett and Mark Fitzpatrick, "The conventional military balance

on the Korean Peninsula", KOREA FOUNDATION, IISS, June, 2018.
Johan J. Holst, "Confidence-Building Measures: A Conceptual Framework", Survival Vol. 25, No. 1, January/February, 1983.
John J. Mearsheimer, "Back to the Future: Instability in Europe after the Cold War", International Security, Vol. 15 No. 1, Summer, 1990.
Peter M. Beck, "Comtemplating Korean Reunification", The Wall Street Journal, January, 4, 2010.
Richard Dariek, "The Future of Conventional Arms Control in Europe: A Tale of Two Cities, Stockholm and Vienna", Survival, 29-1, January/February 1987.
Stockholm International Peace Research Institute, "The Arms Race and Arms Control", Taylor & Francis, 1982.
The Atlantic Council of the United States,"A Framework for Peace and Security in Korea and Northeast ASIA", April, 2007.
The United States Arms Control and Disarmament Agency, "Arms Control and Disarmament Agreements", Washington, D.C., 1982.
Wolf, C. Jr, and Kamil Akramov, "North Korean Paradoxes, Circumstances, Costs, and Consequences of Korean Unification", National Defence Research Institute, 2005.